知识森林：

理论、方法与实践

郑庆华　刘　均　魏笔凡　张玲玲　著

科学出版社

北　京

内 容 简 介

人类知识总量的快速增长与信息技术的发展加剧了知识碎片化问题。位置分散、内容片面、结构无序的碎片化知识限制了知识的可用性，成为新一代知识工程中的瓶颈问题。为此，本书提出一种新的知识图谱模型——知识森林，能够分面融合碎片化知识，又能体现知识主题间各类认知关系。全书共 7 章，第 1 章是知识森林的背景介绍，第 2 章介绍基本理论模型，第 3～5 章介绍知识森林构建的三个具体环节，第 6、7 章介绍如何利用知识森林进行导学以及知识森林的可视化技术。

本书适合计算机、人工智能、物联网等专业的教师和研究生阅读，也可供知识图谱、自然语言理解、文本数据挖掘、信息知识检索等领域的科研人员参考。

图书在版编目（CIP）数据

知识森林：理论、方法与实践 / 郑庆华等著．—北京：科学出版社，2021.5

ISBN 978-7-03-067181-3

Ⅰ．①知…　Ⅱ．①郑…　Ⅲ．①知识管理　Ⅳ．①G302

中国版本图书馆 CIP 数据核字（2020）第 246774 号

责任编辑：宋无汗　李　萍 / 责任校对：杨　赛

责任印制：张　倩 / 封面设计：陈　敬

科学出版社 出版

北京东黄城根北街 16 号

邮政编码：100717

http://www.sciencep.com

北京富资园科技发展有限公司印刷

科学出版社发行　各地新华书店经销

*

2021 年 5 月第　一　版　开本：720×1000　1/16

2024 年 8 月第三次印刷　印张：11 1/4

字数：227 000

定价：98.00 元

（如有印装质量问题，我社负责调换）

前　言

随着科学技术的迅猛发展，人类知识的总量呈现爆炸式增长。知识碎片化问题也越发严重，人们难以从位置分散、内容片面、结构无序的知识碎片中高效地捕获知识。近几十年的研究表明，知识图谱是对知识进行有序组织，辅助人类认知的有效手段之一。为此，本书提出一种面向智慧学习的知识森林图谱结构，该图谱有效聚合知识碎片，进一步为在线学习者提供智能导学服务。

本书作者一直从事大数据知识工程方面的研究，包括自然语言理解、知识图谱规则挖掘、示意图理解、小样本学习等。知识森林是作者及所在科研团队多年研究积累的成果，不仅有相对完善的理论方法支撑，而且已经形成可视化系统以供学习者使用。在国内外学术交流和教学中，作者经常介绍知识森林的相关理论与技术，并对基于知识森林的后续工作，如知识森林中的规则挖掘、在线多媒体智能答疑等提出展望。不少学者、专家和学生对知识森林的研究表现出了浓厚的兴趣，这使作者萌发了撰写本书的想法。

本书主要面向智能教育领域的科研人员与学生，尤其是从事教育知识图谱、自然语言理解、文本数据挖掘、信息知识检索等相关领域的研究人员。本书力求系统、全面地介绍知识森林的相关研究，采用理论方法与实验验证相结合的方式，为读者详细描述知识森林的定义、构建及实践应用。其中，知识森林的构建过程包含主题分面树生成、主题间学习依赖关系挖掘和知识碎片向主题分面树的映射；知识森林的实践应用包括利用知识森林进行导学，以及知识森林的 2D 和 AR 可视化。

本书得到国家重点研发计划“云计算和大数据”重点专项“教育大数据分析挖掘技术及其智慧教育示范应用”项目(2018YFB1004500)、国家自然科学基金创新研究群体项目(61721002)、教育部创新团队项目(IRT_17R86)等的支持。

撰写本书的过程不仅是一个知识回顾和总结梳理的过程，同时也是多位作者相互交流、共同讨论的过程。感谢陕西省天地网实验室提供的研究平台；感谢所在团队博士研究生刘文强、王萌、宋凌云、吴蓓、姚思雨、梁曦对知识森林理论研究的贡献；感谢硕士研究生郑元浩、郭朝彤、吴科炜、杨宽、王瑞杰、张铎、李鸿轩、麻珂欣、武云封、肖天安、杨祎对知识森林工程实现的支持；感谢罗强、吴文俊、马昆明、祁敬超、马杰、胡欣、潘雨黛、蔺奇卡对本书的审阅和仔细检查。最后，感谢科学出版社对本书给予的大力支持。

由于作者水平有限，书中难免存在不足之处，欢迎读者批评指正。

目　　录

第 1 章　引　言

1.1　知识碎片化问题

科学技术的迅猛发展使得人类知识的总量呈现爆炸式增长。据联合国教科文组织的统计，人类近 30 年所积累的知识占有史以来知识总量的 90%，并且知识的倍增周期仍在不断缩短，目前已减至 5～7 年，部分领域(如纳米材料)仅为 1～2 年。知识总量的快速增长与信息技术(特别是 Internet/Web 技术)的发展加剧了知识碎片化问题，具体表现为三个方面：

(1)位置分散是知识碎片化问题的根源，表现为与特定主题相关的知识高度分散在不同的数据源中[1]。特定主题的知识通常具有多分面(multi-faceted)特性，每个分面(facet)表示知识不同的维度或视角，如“堆栈”具有“逻辑结构”“存储结构”“操作运算”等分面。特定主题在某个分面上的知识称为碎片化知识。例如，关于“堆栈的操作”的知识就是“堆栈”的一个碎片化知识。图 1.1 是“堆栈”搜索结果及对应的分面(图右边)，表明与“堆栈”相关的不同分面的碎片化知识分布在约 400 万个页面中。

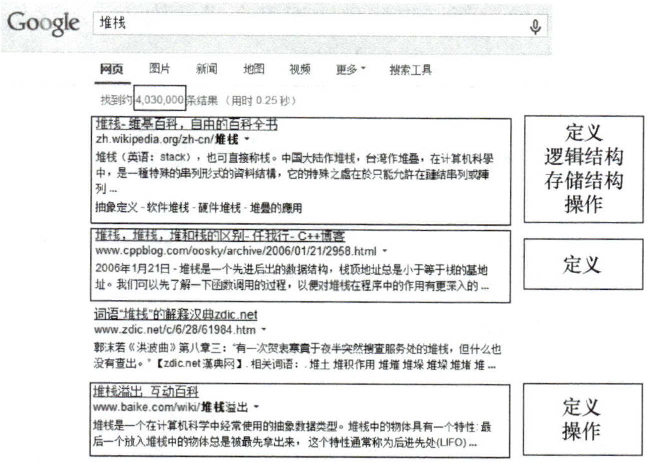

图 1.1　“堆栈”搜索结果及对应的分面

碎片化知识的位置分散特点引发严重的认知过载问题：不同分面的碎片化知识混杂在不同的数据源中[2]，用户需要花费很大的精力筛选出感兴趣的分面，这加剧了获取所需知识的难度，并引发注意力分散效应[3]。

(2)内容片面表现为单一数据源往往仅涉及特定主题的部分分面，具有不完整性。以当前开放知识库 Freebase 为例，其中超过 70%的主题具有不完整的分面[4]。通过对计算机、数学、物理学科中 36 个知识主题的分析，发现其碎片化知识在不同数据源的分布具有明显的“长尾”特性，大部分数据源仅包含 1～2 个分面的碎片化知识。仍以图 1.1 为例，搜索引擎返回的前 4 个页面中，除第一个页面(来自“维基百科”)包含了“堆栈”的 4 个分面的碎片化知识外，其余页面仅涉及 1～2 个分面。这表明单一数据源上，特定主题的知识通常不完备。

单一数据源上知识的片面性导致难以展示特定知识主题的完整分面，易引发用户产生认知片面与偏差。

(3)结构无序是知识碎片化的另一表现。知识的多源分布导致知识间的认知关系难以显式存在，并引发知识结构的无序化。这里，认知关系是指知识在认知方面的学习依赖、因果、参考等关系[5]。例如，“线性表”与“堆栈”之间存在学习依赖关系，表明先要掌握前者，才能学习后者，而“堆栈”与“队列”之间则存在参考关系。

知识结构的无序性导致学习迷航(disorientation)问题。认知科学研究表明[6]，认知关系，特别是因果与参考两类关系，对认知具有显著影响。此外，认知关系的缺失与知识结构的无序化不符合激活扩散(spreading activation)与联想学习(associative learning)的认知特点[7]。

碎片化知识的位置分散、内容片面、结构无序三个特性对大数据时代的知识获取与认知提出了新挑战，而将碎片化知识聚合成结构化、有序化且符合人类认知特点的组织形式是应对这一挑战的关键。

1.2 现有知识组织模型

知识组织是指对知识进行收集、表示、分类、过滤、挖掘等一系列组织化过程及其方法，知识组织模型是知识获取及知识应用的关键，主要的组织方法包括主题图(topic map)和知识图谱(knowledge graph)。

1.2.1 主题图

主题图是一种便于计算机处理的信息资源组织及知识表示方法，可以表示资源中知识概念间的相互联系，并定位某一知识概念所在的资源位置。主题图在信息资源的上层构建了一个结构化的语义网络，该网络是由主题(topic)、关联(association)和资源出处(occurrences)组成的集合体(TAO)。其中，主题表示知识概念，关联表示主题(知识概念)间的语义关系及主题与资源间的映射关系，可以通过映射关系定位某一主题相关的资源实体[8]。主题图不仅可以表示主题(领域概念)间的语义关系，而且可以定位某一主题相关的资源实体。图 1.2 给出一个主题图案例，其中 $t_1 \sim t_k$ 为主题，$kr_1 \sim kr_n$ 为知识资源，$md_1 \sim md_n$ 为元数据。

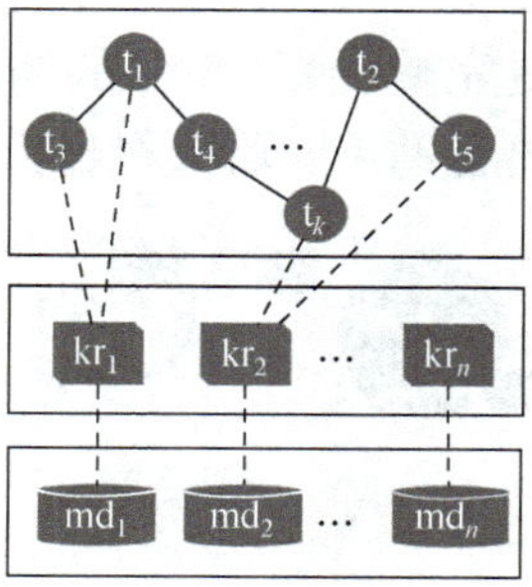

图 1.2　主题图案例

主题图的概念最初由万维网联盟(World Wide Web Consortium，W3C)提出，经过十多年发展，目前已形成一系列国际标准 ISO/IEC 13250-X(包括 13250、13250-2～13250-6 等)。其中，比较重要的 ISO/IEC 13250 国际标准定义了主题图的完整模型，ISO/IEC 13250-3:2013[9]定义了基于可扩展标示语言(extensive markup language，XML)的主题图。为了扩展主题图的应用领域，结构化信息标准促进组织(Organization for the Advancement of Structured Information Standards，OASIS)对主题图的词表、关联类别等内容进行了标准化[10]。

主题图为用户提供了基于主题间语义关联的知识导航机制，有利于知识的导航浏览与学习。例如，可将“中国古代诗人”这一主题的知识资源组织成一个资源集，并从该主题的资源集出发，按“类与子类”的概念关系导航到“唐朝诗人”主题下的知识资源，进一步按“类与实例”的概念关系导航到“李白”主题下的资源，最终形成“中国古代诗人→唐朝诗人→李白”的主题图导航。目前，主题图已在情报管理与数字图书馆等领域得到了应用，如意大利歌剧主题图、文字语言主题图、数字文本档案主题图等[11]。

基于 TAO 结构的主题图主要有两方面的局限性：①当前的主题图只能支持主题导航，还不能反映出知识之间的前序、因果、参考等关联关系，因此不能按照知识之间的认知关系进行导航学习。例如，“子网掩码定义”与“子网划分方法”两个知识主题之间存在先后关系，用户应先学习“子网掩码定义”，再学习“子网划分方法”，但是，目前主题图还无法描述知识主题之间的这种关联关系。②主题图模型只是定义了知识主题与资源的映射关系，并没有指出知识主题在资源中的位置，即使通过知识主题定位了资源，仍然需要花费很大精力在资源中查找知识主题所对应的碎片知识。导致上述问题的主要原因在于未对资源文件所隐含的知识及其关联内容进行分析与抽取。

1.2.2　知识图谱

知识图谱用于描述真实世界中存在的各种实体(Google 称之为 thing，也就是各种带语义的数据)及它们之间的关联关系，是一种重要的知识组织模型[12]。

图 1.3 给出一个知识图谱示例。知识图谱最初是由 Google 提出用来优化搜索引擎的技术，其不仅可以改进搜索质量，还可以提供检索对象直接相关的信息，甚至提供搜索问题的答案。知识图谱可将位置分散、内容片面的海量资源聚合成内容更完整、便于学习的知识，缓解海量资源引起的信息过载问题。知识图谱目前在语音助手、聊天机器人、智能问答等多种人工智能应用场景得到广泛应用。

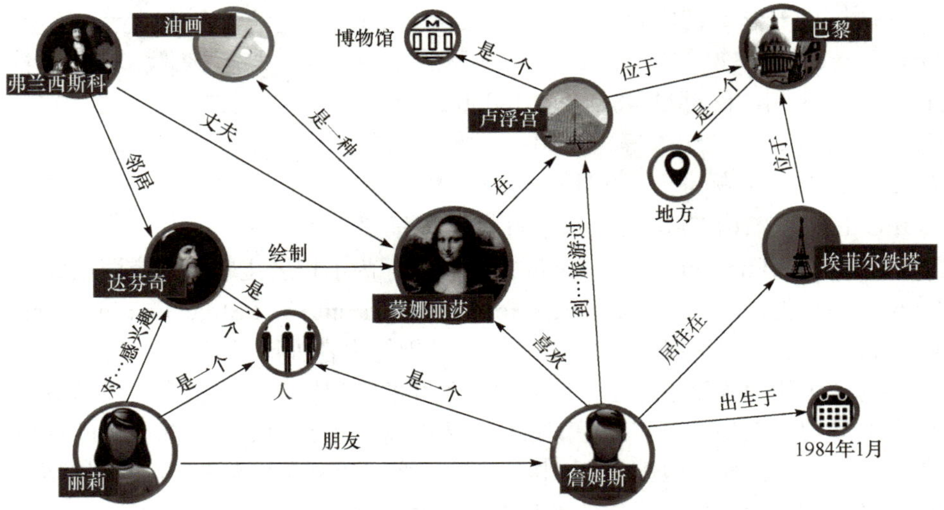

图 1.3　知识图谱示例

知识图谱的构建包括抽取过程和融合过程。抽取过程以维基百科、电子教材、Web 页面等教育资源为数据源，采用一系列自动或半自动的数据挖掘技术，抽取知识图谱所需的实体(概念、知识主题/知识点等)及实体间的语义关系(整体部分关系、类和实例关系等)或认知关系(学习依赖关系、因果关系等)，抽取结果称为局部知识图谱。

知识图谱主要来源于百科类网站、问答类网站及各类垂直站点的结构化数据(如维基百科的 infobox)，这类数据的特点是质量较高、更新慢、容易抽取。例如，Google 知识图谱大部分来源于 Wikidata、IMDB 等网站。知识图谱的另一个来源是各类半结构化数据(如 HTML 页面中的表格等)中的实体及实体的“属性-值”对。这类数据的特点是规模大、更新快，包含大量新实体或新关系，但自动抽取困难，抽取质量较差。Cafarella 等[13-14]开发了 WebTables 系统，该系统使用分类技术从海量 HTML 页面的 150 亿表格中抽取了 1.5 亿的高质量实体关系。该系统后来被 Google 收购用于构建 Google 的知识图谱。Venetis 等[15]开发了一个针对海量 HTML 中表格的语义标注系统。该系统首先从 Web 上抽取得到含有噪声的类标签及它们之间的关系，形成一个数据库，然后基于该数据库及 Web 上观察到的实例标注表格的每个列(代表实体)，从而获得表格中实体间的语义。Mintz 等[16]提出一种远程监督的方法，从 Web 抽取各种关系，该方法假定如果已知两个实体存在特定的语义关系，那么包含实体对的句子就存在表征二者语义关系的模式。这种方法利用现有知识库中已有的实体对作为种子，从 Web 中抽取出包含已知实体对的大规模文本作为自动标注的语料库形成训练集，并训练分类模型，然后使用分类模型抽取更多的关系。

融合过程是利用实体对齐(实体语义消歧)、实体可信性验证等技术将抽取过程中构建的局部知识图谱融合成规模更大的教育知识图谱。Bordes 等[17]基于深度学习技术将不同的符号框架嵌入到一个连续的向量空间中，从而方便计算实体间语义的相似度，实现实体间语义的对齐。Lv 等[18]提出一种区分概念和实体的知识图谱表示学习方法，将上下位关系与普通的关系做了区分，可以很好地解决上下位关系的传递性问题，并且能够表示概念在空间中的层次与包含关系。Google 创建了名为 Knowledge Vault 的知识图谱[4]，迄今已经收集了 16 亿事实(实体间的关系表示事实)，其中 2.71 亿是“可信的事实”。微软的 Probase[19]从多达 16 亿网页的数据中抽取出 270 万概念，概念间关系达 2000 多万，是目前包含概念最多的知识库。

现有知识图谱主要有三方面的局限性：①无法体现知识主题间的认知关系，易导致学习迷航问题；②知识聚合通常依据人工构建的静态模板，可扩展性差，如 Google 知识图谱主要使用 Freebase 中人工制作的模板；③聚合对象仅限定在具有语义化、结构化特点的少量知识源，且对中文开放域知识源支持能力较弱。

1.3 本书的组织结构

针对知识碎片化问题，本书提出一种面向智慧学习的知识图谱，称为“知识森林”(knowledge forest)[20]，用于聚合知识碎片，为在线学习者提供智能导学服务。本书将围绕知识森林，从理论、方法与实践三个部分进行阐述，组织架构如图 1.4 所示。

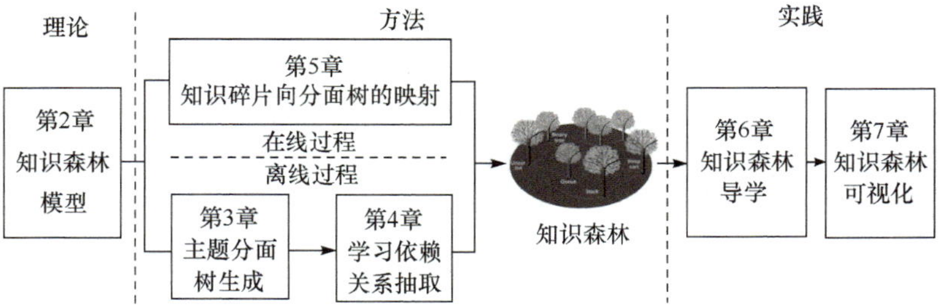

图 1.4 本书的组织架构

理论部分主要在第2章，包括知识森林的主要术语、形式化表示、语义模型和存储模型。

方法部分包括第3～5章，分别对应知识森林构建的三个环节。第3章阐述主题分面树生成过程，先给出主题分面联合抽取算法用于获取“主体-分面”关系；然后设计一种基于Motif的分面间上下位关系抽取算法，用于获取分面之间的层次关系。第4章阐述主题(分面树)之间学习依赖关系的两种抽取方法，分别是拓扑与文本特征相结合的方法和端到端的方法。第5章分别介绍文本模态与图像模态知识碎片向分面树映射的方法，映射过程实现知识碎片的聚合。

实践部分包括第6、7章，分别论述如何利用知识森林进行导学和如何对知识森林进行可视化。其中，第6章给出基于知识森林的学习路径规划、可对比知识主题生成、碎片知识检索等算法。第7章给出知识森林的2D可视化与AR交互场景可视化等系列算法。

第 2 章　知识森林模型

知识森林能够通过由主题-分面结构形成的分面树(facet tree)聚合碎片化知识，缓解认知过载问题，也能为用户规划一条由知识主题间学习依赖关系(learning dependency relation)组成的导学路径，缓解学习迷航问题。本章首先给出知识森林及其要素的定义与形式化表示，在此基础上建立知识森林的语义模型与存储模型。

2.1　知识森林的形式化表示

知识森林可以看作是已提出的知识地图(knowledge map)模型[21]的扩展。

定义 2.1　知识地图。知识地图是由知识主题集 T 及其之间的学习依赖关系集合 $\mathrm{LD} \subseteq T \times T$ 构成的有向图，可表示为二元组 (T, LD)。

学习依赖关系 $(t_i, t_j) \in \mathrm{LD}$ 表示学习知识主题 t_j，必须先掌握知识主题 t_i。例如，在数据结构课程中，知识主题“线性表”与“堆栈”之间就存在学习依赖关系，学习后者需要先掌握前者。图 2.1 是由数据结构课程中部分知识主题及其学习依赖关系构建的知识地图。知识地图及其中的学习依赖关系能够为导航学习提供依据，从而缓解知识碎片化引发的学习迷航问题。

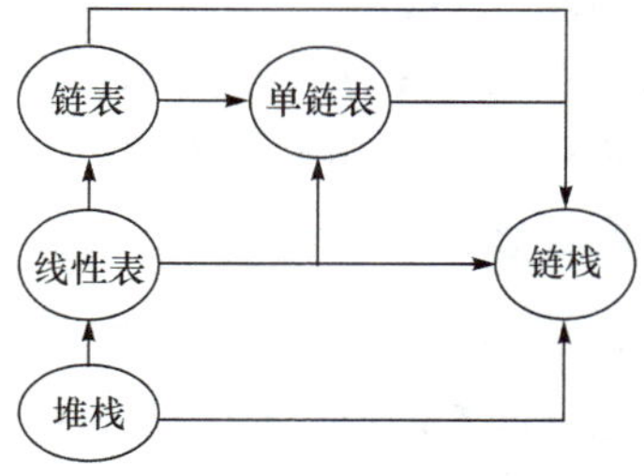

图 2.1　数据结构课程知识地图(局部)

定义 2.2　分面树。知识主题通常具有更细粒度的分面结构，每个分面对应该主题的一个子主题。对于知识主题 $t_i \in T$，由其分面集合 F_i、主题-分面关系 $\mathrm{TF}_i \subseteq \{t_i\} \times F_i$ 以及分面间的从属关系 $\mathrm{FR}_i \subseteq F_i \times F_i$ 构成的以 t_i 为根结点的树状结构，称为分面树，可表示为二元组 $\mathrm{FT}_i = (F_i \cup \{t_i\}, \mathrm{TF}_i \cup \mathrm{FR}_i)$。

图 2.2 是数据结构课程中知识主题“堆栈”的分面树。由图中可以看到，“堆栈”包含了“操作”“定义”“应用”“存储结构”“逻辑结构”等分面。其中，“链栈”“顺序栈”是“存储结构”更细粒度的分面。

主题分面树有助于形成对特定知识主题各个分面的全方位展示，符合人类“始于整体性知觉，整体到局部”[22]的认知特点，有助于避免碎片化知识内容的片面性导致

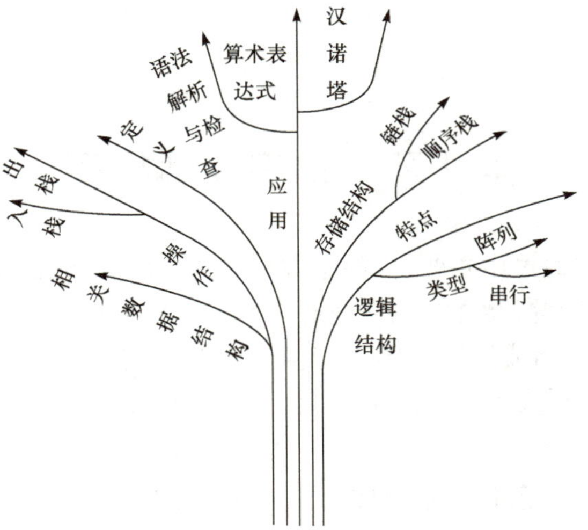

图 2.2　知识主题“堆栈”的分面树

的认知片面与偏差问题。

定义 2.3　碎片化知识。特定主题在某个分面上的知识称为碎片化知识，通常具有文本、图像、视频等不同模态。

例如，“堆栈是一种受限制的线性表，其限制是只允许在表的一端进行插入和删除”就是“堆栈”在分面“定义”上的一个碎片化知识。

定义 2.4　实例化分面树。实例化分面树是将分面树中分面与碎片化知识建立映射关系后形成的结构。设知识主题$t_i \in T$的碎片化知识集合为FK_i，t_i的实例化分面树可表示为三元组$\mathrm{MFT}_i = (\mathrm{FT}_i, \mathrm{FK}_i, M_i)$。其中，$M_i \subseteq F_i \times \mathrm{FK}_i$表示分面集合$F_i$与碎片化知识集合$\mathrm{FK}_i$之间的映射关系。

定义 2.5　知识森林。知识森林是一种面向在线学习的知识图谱，是将知识地图中各个知识主题扩展为对应实例化分面树后形成的知识组织结构。一个课程的知识森林可表示为一个二元组$\mathrm{KF} = (\mathrm{MKT}, \mathrm{LD})$。其中，$\mathrm{MFT} = \left\{\mathrm{MKT}_i\right\}_{t_i \in T}$表示$T$中所有知识主题对应的实例化分面树的集合。

图 2.3 是一个知识森林的示意图，描述了数据结构课程中部分知识主题对应的实例化分面树及其之间的学习依赖关系。

知识森林中的分面树与学习依赖关系(定义 2.5 中的 MFT 与 LD)有助于缓解知识碎片化对知识获取与认知带来的挑战。分面树不仅能够展示知识主题的完整分面，实现对该主题全方位的认知，还能帮助学习者以分面导航方式快速定位碎片化知识。知识森林中的学习依赖关系是实现导航学习的依据，不仅能缓解碎片化知识结构无序导致的迷航问题，而且能通过对知识内在结构的可视化提高学习效率[23]。

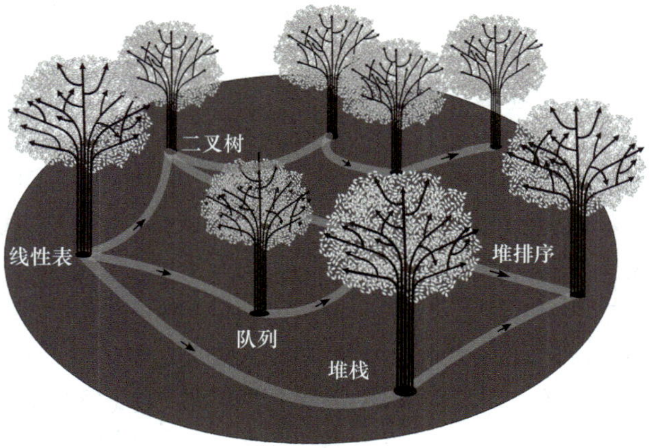

图 2.3　知识森林的示意图

2.2　知识森林的语义模型

资源描述框架（resource description framework，RDF）是一种描述有关 Web 资源的标记语言。RDF 使用国际化资源标识符（internationalized resource identifier，IRI）来标识事物，并通过属性和属性值来描述资源。RDF 的核心思想是由主语（subject）、谓语（predicate）、宾语（object）构成的三元组。例如，“二叉树”的定义为“二叉树是……”，其可表示为如图 2.4 所示的 RDF 结构。

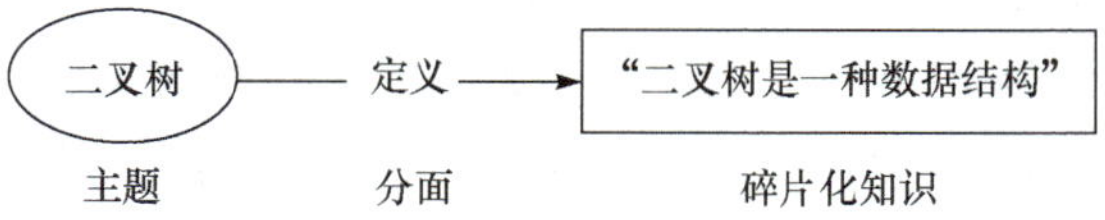

图 2.4　基于 RDF 表示的“主题-分面-碎片化知识”三元组

RDF 三元组必须满足主语是 IRI 或空白节点（blank node）；谓语是 IRI；宾语可以是 IRI，或空白节点，或文本（literal）。IRI、空白节点、文本统称为 RDF 术语。例如，字符串“二叉树是一种……”就是一个文本。

资源描述框架定义集（resource description framework schema，RDFS）提供了 RDF 的描述词汇，相当于不同领域特有的概念。基于 RDFS 定义了知识森林的 4 个概念，命名为“RDFSPlus”，具体介绍如下。

（1）知识主题（knowledge topic）是知识森林中树木的名称，由树木的根来表示，其 RDF 表示必须满足以下条件：①知识主题在知识森林中必须以 IRI 形式存在，IRI 的表示规则为“http://kf.skyclass.net/topic/” + “知识主题名字”，如“二叉树”的 RDF 表示为“http://kf.skyclass.net/topic/二叉树”；②知识主题如果以英文表示，那么第一个单词的首字母大写，单词之间用下划线连接，如“binary tree”表示为“Binary_tree”。

(2) 关系(relation)在知识森林中存在三种情况：知识主题之间的关系(认知依赖关系)、主题与分面之间的关系(主题-分面关系)和分面与分面之间的关系(上下位关系)。其对应的 RDF 表示必须满足以下条件：①关系在知识森林中必须以 IRI 形式存在，表示规则为“http://kf.skyclass.net/relation/”+“关系”，如学习依赖关系表示为“http://kf.skyclass.net/relation/学习依赖关系”；②关系如果以英文表示，那么第一个单词的首字母小写，单词之间用下划线连接。

(3) 分面(facet)可以理解为术语的某一属性或某特征，其 RDF 表示必须满足以下条件：①分面在知识森林中必须以 IRI 形式存在，表示规则为“http://kf.skyclass.net/facet/”+“分面名字”，如“二叉树”的“定义”可表示为“http://kf.skyclass.net/facet/定义”；②分面必须定义其取值范围(range，也可以理解为取值类型)。例如，“http://kf.skyclass.net/facet/定义”在生成分面时，必须定义三元组：“<http://kf.skyclass.net/facet/定义> <http://www.w3.org/2000/01/rdf-schema#range> <http://www.w3.org/1999/02/22-rdf-syntax-ns#langString>”。采用前缀缩写可表示为“kff:定义 rdfs:range rdf:langString”。其他的取值范围还包括：html、时间格式等，参考“http://www.w3.org/2001/XMLSchem”和“http://www.w3.org/1999/02/22-rdf-syntax-ns”中取值范围的命名规范。

(4) 领域(domain)是知识森林中知识主题所属的课程或者学科领域，其 RDF 表示必须满足以下条件：①领域在知识森林中必须以 IRI 形式存在，表示规则为“http://kf.skyclass.net/domain/”+“领域名”，如数据结构领域的 RDF 表示为“http://kf.skyclass.net/domain/数据结构”；②在生成领域的 IRI 时，术语如果以英文表示，那么第一个单词的首字母大写，单词之间用下划线连接，如“data structure”表示为“Data_structure”；③对于某一主题和某一领域之间的从属关系，不再定义新的关系，在这里统一用都柏林核心中的“http://purl.org/dc/terms/subject”表示(简化为 dcterms:主题)，如“kft:二叉树 dcterms:主题 kfd:数据结构”；④为了简化表示，使用表 2.1 中的前缀将冗长的 IRI 表示得更简短，如将“http://kf.skyclass.net/domain/数据结构”表示为“kfd:数据结构”。

表 2.1 前缀命名规范及实例

前缀	命名空间
kfr	http://kf.skyclass.net/relation/
kff	http://kf.skyclass.net/facet/

续表

前缀	命名空间
kft	http://kf.skyclass.net/topic/
kfu	http://kf.skyclass.net/unit/
kfd	http://kf.skyclass.net/domain/

图 2.5 给出一个基于 RDFS 表示的知识森林示意图，包括数据结构领域的 3 个主题及相关的分面与碎片知识。根据上述定义，其 RDF 表示如下。

kft:数组　kfr:学习依赖关系　kft: 二叉树

kft:二叉树　kfr:学习依赖关系　kft:红黑树

kft:二叉树　kff:定义　“二叉树是一种树形结构……”

kft:二叉树　kff:插入　“一个被插入的节点称为……”

kft:红黑树　kff:定义　“红黑树是一种平衡二叉树……”

kft:数组　kff:索引　“数组的元素可以通过索引进行访问……”

kft:数组　dcterms:主题　kfd:数据结构

kft:二叉树　dcterms:主题　kfd:数据结构

kft:红黑树　dcterms:主题　kfd:数据结构

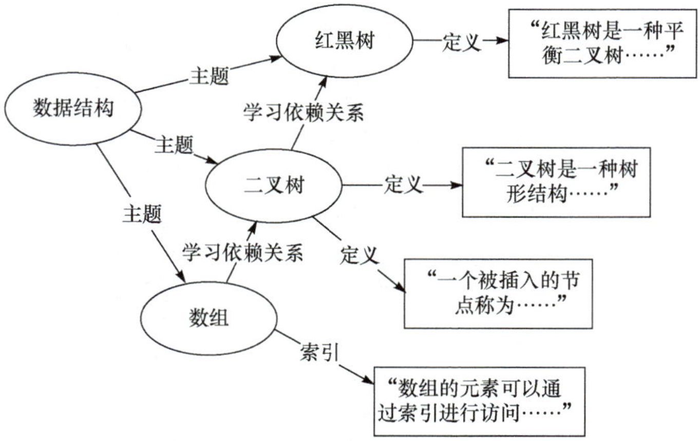

图 2.5　基于 RDFS 表示的知识森林示意图

2.3　知识森林的存储模型

为了满足大规模知识森林存储与处理的需求，提出知识森林的访问存储框架，如图 2.6 所示。

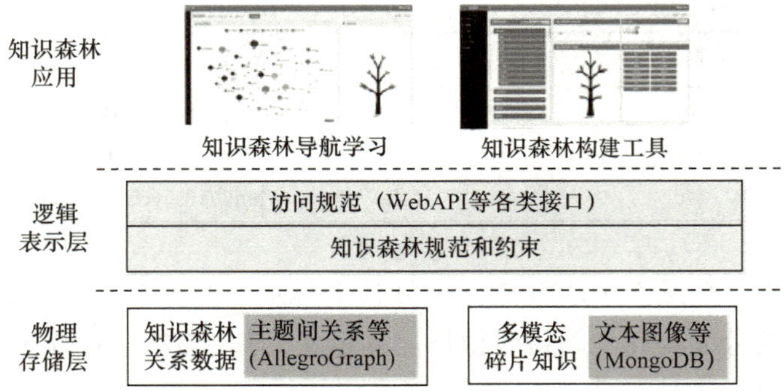

图 2.6　知识森林的访问存储框架

第 1 层是物理存储层，这一层用于存储知识森林 RDF 三元组及与之相关的多模态碎片知识。知识森林 RDF 三元组数据存储在 AllegroGraph①等 RDF 数据库中，如图 2.7 所示；碎片知识根据类型(文本、图像、视频等)存储在云平台或分布式数据库中，可以是 MongoDB②和 Hadoop 分布式文件系统(Hadoop distributed file system，HDFS)等。

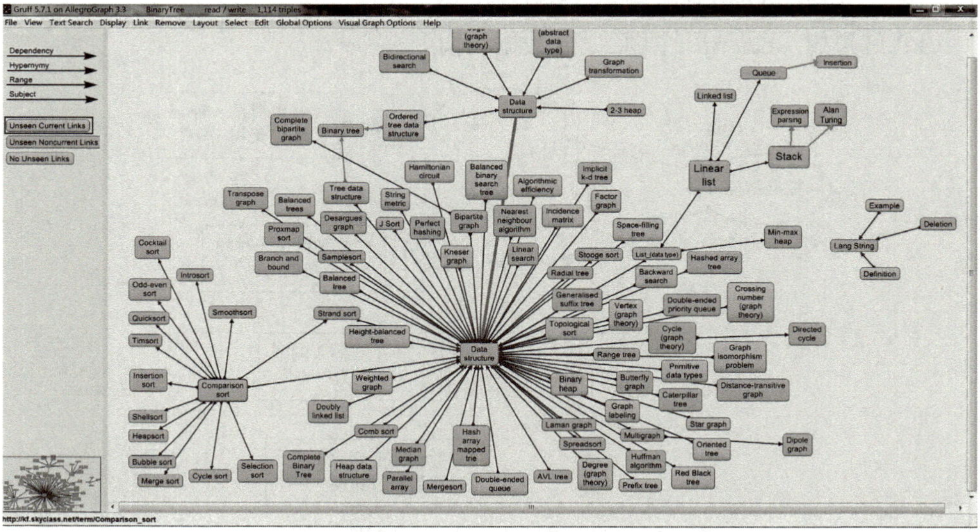

图 2.7　基于图数据库 AllegroGraph 的知识森林存储

第 2 层是逻辑表示层，这一层基于知识森林的语义模型，定义知识森林的逻

① AllegroGraph，一个数据库和应用程序框架，常用于语义 Web 中三元组数据的存储。

② MongoDB，一个由 C++语言编写的基于分布式文件存储的数据库，旨在为 Web 应用提供可扩展的高性能数据存储解决方案。

辑结构及访问接口，并定义知识森林的规范和约束。图 2.8 展示知识森林逻辑结构。有了一致的定义及操作规范后，知识森林可以作为公用知识资源在不同应用中使用。定义在线访问修改现有知识森林的接口，能够实现基于知识森林的不同应用互操作，如知识森林更新模块负责知识森林的修改，而知识森林可视化模块调用接口来展示更新的结果。

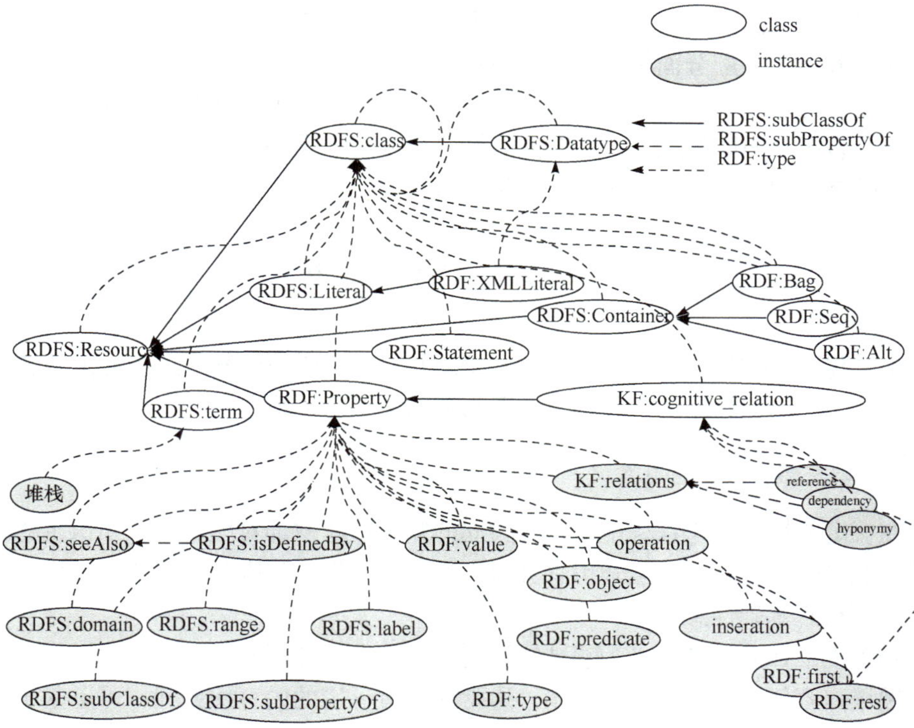

图 2.8　知识森林逻辑结构

2.4 小　结

本章首先引入知识地图、分面树和知识森林等相关术语的定义，给出了知识森林的形式化表示；其次，基于 RDFS 定义了知识森林的 4 个概念，给出了知识森林的语义模型；最后，给出了基于图数据库 AllegroGraph 的知识森林分层存储模型，其中物理存储层用于存储知识森林 RDF 三元组及多模态碎片知识，逻辑表示层定义了知识森林的逻辑结构及访问接口。

第 3 章　主题分面树生成

针对内容片面问题，本章提出一种可以聚合多模态碎片知识的主题与分面表示方法，称为“主题分面树”(facet tree)。首先介绍主题分面树的定义及典型案例，让读者对主题分面树有个直观的理解。然后给出主题与分面的联合自动抽取算法以及多级分面间的上下位关系抽取算法，从而形成一个层次化的树形结构，其中树根是主题，树枝是主题的层次化分面。

3.1　知识主题分面树

本节将介绍知识主题、分面的基本概念并做举例说明，同时还提出由两者构成的知识主题分面树结构，并探索主题与分面之间的关系。

3.1.1　知识主题与分面的概念

在特定领域的知识森林中，每棵独立的知识主题树都对应着一个知识主题。知识主题是知识主题树乃至知识森林展开的基础与根本，因此在碎片化知识聚合的研究中具有基础性意义。

知识主题(topic)被定义为领域知识内一类特殊的知识术语。这类术语具有饱满的领域内容信息与知识层次结构，通常还具有一定的内容抽象性，可以基于该术语构建一棵主题分面树。例如，在数据结构这一领域中，“二叉树”“散列函数”等知识术语由于具备充分的概念内涵与下位知识结构，能够扩展出丰富的知识体系，被称为知识主题(以下称为主题)。针对“二叉树”主题，其具有“逻辑结构”“子树”“存储方式”等特征属性，又能扩展出“二叉排序树”“平衡二叉树”“红黑树”等下位知识概念。表 3.1 列出数据结构、高等数学、操作系统三个领域下的部分知识主题。

表 3.1　三个领域下的部分知识主题

领域	知识主题
数据结构	逻辑结构、物理结构、顺序表、链表、树、二叉树、红黑树、B 树、有向图、无向图、索引、散列、快速排序、希尔排序等

续表

领域	知识主题
高等数学	集合、极限、映射、连续性、导数、偏导数、微分、积分、全微分、微分中值定理、常微分方程、梯度、曲率、高斯公式、级数等
操作系统	处理器调度、内存调度、磁盘调度、文件、进程、线程、同步互斥、多处理器操作系统、用户界面、系统调用、微内核、上下文切换等

分面指的是知识主题的某一个维度或视角，它是主题的属性。例如，对于“二叉树”这一主题，其下的分面包括“定义”“应用”“操作”“插入”等。其中，直接与主题相关的最大粒度的分面为一级分面，如“定义”“应用”“操作”等。一级分面可能包含一些较细粒度的二级分面。根据先验知识，“二叉树的插入”是一种“二叉树的操作”，也就是说对于“二叉树”主题，一级分面“操作”包括了分面“插入”，因此“插入”是“二叉树”主题的二级分面。同理，如果二级分面还可以划分为更细粒度的分面，那么这些更细粒度的分面被定义为三级分面。根据上述分析可知，一级分面通常是较粗粒度的名词，二级分面通常是带有修饰词的一级分面。表 3.2 列出了数据结构课程下三个主题的分面集，其中包括所有层次的分面。

表 3.2　数据结构课程下三个主题的分面集

主题	分面集
二叉树	一级分面：定义、特征、举例、应用、实现、构建、存储、操作、编码 二级分面：递归定义、图论定义、物理存储、逻辑存储、插入操作、删除操作、遍历操作 三级分面：删除叶子节点、删除内部节点
栈	一级分面：定义、特征、举例、应用、实现、操作 二级分面：入栈操作、出栈操作
冒泡排序	一级分面：定义、特征、举例、应用、实现、复杂度、原理、稳定性 二级分面：空间复杂度、时间复杂度

3.1.2　主题分面树以及主题、分面间的联系

知识主题、分面及分面间的上下位关系共同组成了一棵主题分面树。这棵树以主题作为树干展开，扩展出一级分面树枝，在其上又依次扩展出二级、三级分面树枝。

以“数据结构”领域下的“二叉树”主题为例，其分面树结构如图 3.1 所示。

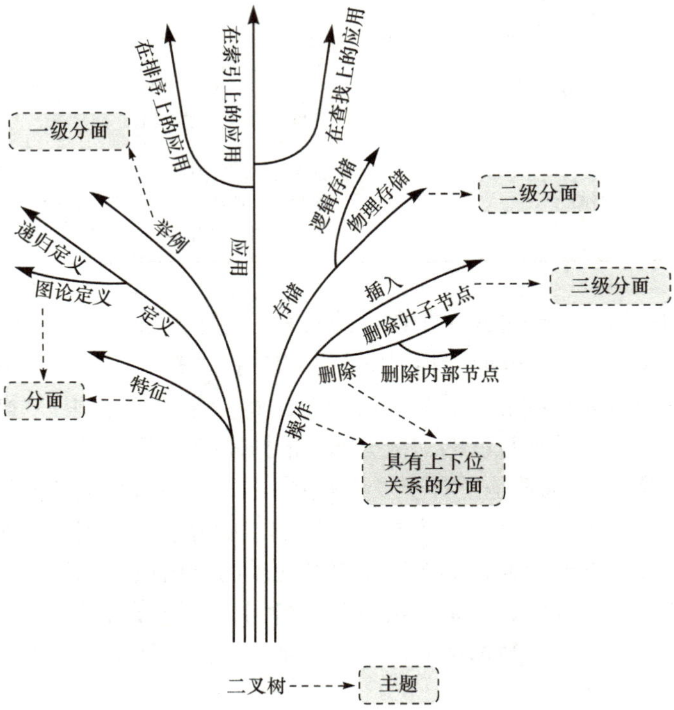

图 3.1　“二叉树”主题的分面树结构

从图 3.1 中可以看出，“二叉树”主题作为树干，其分面就是树干上的树枝，一级分面是知识主题下最大粒度的属性，二级分面可以看作是一级分面更细层次的划分，而三级分面可以看作是二级分面更细层次的划分。通常来说，分面的层次不超过三层。如同一棵大树不能没有叶子一样，主题分面树还需要经过实例化装配。互联网上的海量碎片化知识可以依据本书第 5 章中介绍的算法被识别、装配(映射)到特定领域下的特定主题、分面上，成为树叶进一步丰富和扩展这棵主题分面树，从而提高其研究与应用价值。领域中所有的主题分面树经过实例化后再添加分面树之间的认知关系路径，则构成了该领域的知识森林。

知识主题及其分面之间存在着密切的联系，前者提出并描述了一个知识概念，而这个知识概念在待研究的领域有着较高研究价值或重要应用；后者则侧重于描述这个知识概念的某个侧面或者某种属性。

从结构上来看，主题属于概括性、抽象性的术语，而分面属于主题的特征描述词，围绕知识主题的不同特征或属性可以展开不同的分面标签，这样生成的主题分面树能够从不同的角度描述、解释该主题的内涵与属性。因此，主题和分面存在着包含与被包含的结构关系，其术语粒度、侧重特点、概念内涵与外延都存在显著差异，这些差异为主题与分面的抽取提供了理论可能。

从内容上来看，主题与分面相互联系，紧密相关，不同主题往往具有不同的分面结构，而相似的主题通常具有相似的分面内容。例如，“二叉树”与相似主题“四叉树”都具有“子节点”和“存储方式”等分面信息，而它与“哈希”主题的分面结构则不太相关，这一现象有助于相近主题的分面树构建任务；同时，分面结构相似的主题之间相比于一般的主题之间具有更为密切的联系。例如，都具有分面“操作”“数据访问方式”的“堆栈”与“队列”两个主题就比较相似，这一现象为相似主题的构建提供了便利。

由以上分析可知，主题与分面之间存在紧密关系，如果将主题与分面抽取视为毫无关联的任务，将难以有效利用两者之间存在的联系。例如，知识主题的描述文本中，已经包含部分分面信息(如主题“图”的描述文本中包含“度”“逻辑结构”等分面信息)，同时也包含对其他主题(如“无环图”等)的引用，而在非主题术语中，这些信息相对较少，这一现象有助于判断术语是否属于知识主题；同一领域下的主题可能存在一些相同的分面，如“定义”“价值”“应用”等，这又为不同主题下分面的判断提供了参考。主题与分面在结构与内容上的相关性是进行主题分面联合抽取的主要考虑因素，也就是将二者视为一个整体任务进行抽取。3.2 节将对此做进一步介绍。

3.2　主题分面联合抽取

本节首先简要介绍主题、分面抽取的相关研究工作——实体属性网络构建的传统方法及其局限性；其次介绍主题分面联合抽取的预备工作——候选主题与分面的抽取；最后介绍基于主题分面联合抽取的算法，并对该方法的性能表现进行测试验证。

3.2.1　流水线式抽取的局限性

关于主题-分面的直接相关研究还较为欠缺，本节将参考与本任务相似的实体-属性网络构建任务，分析现有研究工作的特点与不足，从而为主题与分面的抽取任务提供借鉴。在实体-属性网络中，实体表示相互独立且有所区别的事物，属性是实体的某种特征或性质，一个实体通常对应多个属性，不同实体之间又存在着各种关系，从而构成知识图谱。由于知识森林本质上也属于知识图谱，从结构特点上看，主题、分面分别和实体、属性对应，研究后两者的构建方法对前两者的抽取有着重要参考意义。

在现有研究方法中，实体属性网络的构建通常需要经过实体集扩展(entity set expansion, ESE)、属性抽取(attribute extraction, AE)、关系抽取(relation extraction, RE)三个步骤。这类方法的主要思路是将实体和属性抽取任务以流水线的方式依次开展。图 3.2 是流水线式实体属性网络的构建过程，其首先进行实体集扩展；其次根据抽取得到的实体进行属性抽取；最后进行关系抽取等其他网络构建任务。

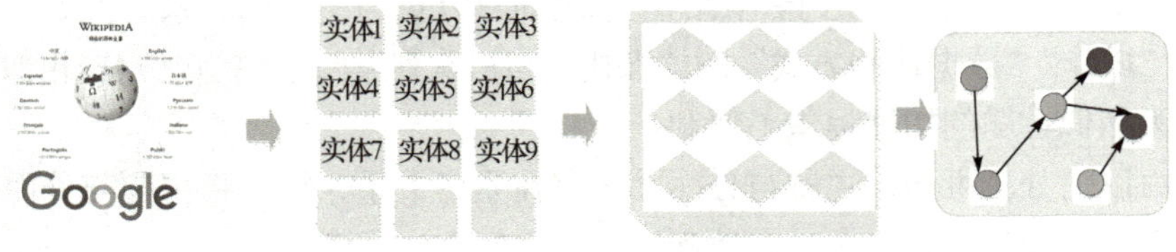

图 3.2　流水线式实体属性网络的构建过程

例如，Paşca 等[24]将实体抽取、属性抽取和实体分类等任务结合起来进行处理。首先为每一个领域都设置一些种子实体和属性(手动标注)作为先验知识；其次通过模式匹配的方式从检索日志中寻找与种子实体相同领域的实体，从而进行实体集合的扩充；最后通过实体的属性相似性关系扩展该领域的属性集。Bing 等[25]将实体、属性的抽取看作一个序列匹配问题，首先定义一些种子实体；其次提取对应种子实体的种子属性；最后从网络上采集数据整理成特定格式的文本序列，借助一个半监督的马尔可夫条件随机场为文本序列中的每一个单词进行实体、属性标注。Lee 等[26]则尝试利用基于概率分析的方式，通过考虑候选实体在对应领域下的条件概率以及候选属性在对应实体下的条件概率来分别抽取实体、属性集。

以上这些方法的共同特点是实体与属性抽取任务之间的影响是单向传递的，并且得到的实体和属性都属于领域层级，还需要进一步完成实体和属性的匹配任务。这样的构建方式优点是逻辑简单，易于实现，可以在完成当前一步的抽取或构建任务后，再开始下一个步骤；缺点是前后任务模块的结果单向传递，存在前部错误和噪声被放大的问题。如图 3.3 所示，在早期知识森林的构建中也尝试过包含知识主题抽取、分面树构建、认知关系抽取、碎片知识装配等几大步骤的流水线式构建方式[27-29]。这样的构建方式前后模块间相互独立，前向传递，如果抽取得到的知识主题质量不均衡，会导致生成的分面树差异明显，从而降低了碎片装配质量，最终引发知识森林中认知关系不够紧密等问题，因此基于流水线方法的实际构建结果并不理想。

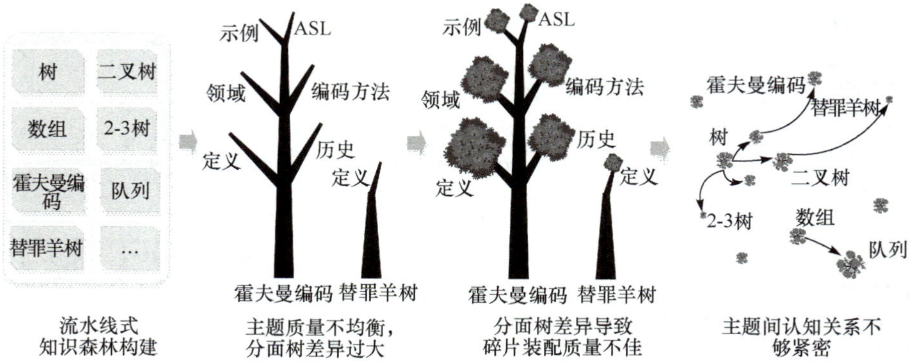

图 3.3　流水线式知识森林构建过程

实际上，由 3.1.2 小节分析可知，主题与分面之间存在结构与内容的高度相关性，这些关联性质有助于提高主题与分面抽取的质量。将两者视作一个整体任务可能取得更好的主题分面树构建结果。关于将主题与分面抽取任务进行结合的联合抽取方法将在 3.2.2 小节和 3.2.3 小节中具体介绍，并在 3.2.4 小节中进行实验验证。

3.2.2　候选主题与分面抽取算法

直接从海量的互联网数据中进行主题与分面的联合抽取是一项复杂度高且非常低效的任务。因此，尝试将整体任务分为两步：从海量领域数据中初步筛选获取候选主题与候选分面集合；设计基于联合学习的算法，从这些候选集合中抽取并匹配主题分面对，得到主题分面树结构。本节主要介绍获取候选主题与候选分面的数据源及其获取过程。

1. 候选主题与分面抽取数据源

候选主题与分面抽取的数据源主要有结构化数据源与非结构化数据源两类。对于非结构化数据源，知识主题与分面信息往往蕴藏在复杂的相关文本中，较难直接抽取。结构化数据源具有一定的显式结构，主题与分面信息往往包含在其特定的结构中。本节采用结构化数据源作为候选主题与分面抽取数据源。常见的结构化数据源有百科类、社区问答类和 RDF 数据三类，具体介绍如下。

百科类网站往往由用户根据某种特定的规则对特定的领域与主题进行专业的释义构成。其通常具有领域目录页面与主题术语页面。国内的百科网站有百度百科、搜狗百科等；国外的百科网站有维基百科等。以维基百科为例，图 3.4 是领域“Data mining”的根目录页面，上面方框所框出的部分是领域对应的子目录术语，下面方框所框出的部分是领域对应的页面术语；图 3.5 是主题“Stack”的页面内容，方框框出的部分是其对应的目录部分，其中包含着这个主题下的分面信息。

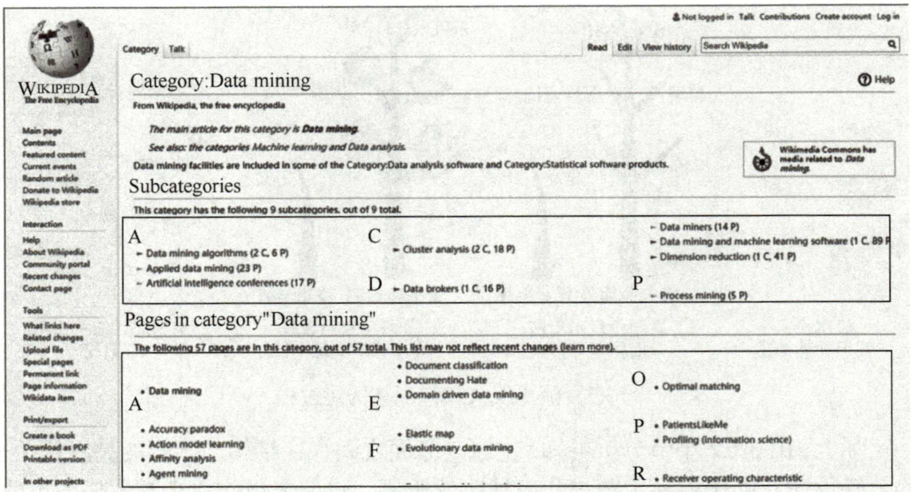

图 3.4　维基百科中领域“Data mining”的根目录页面

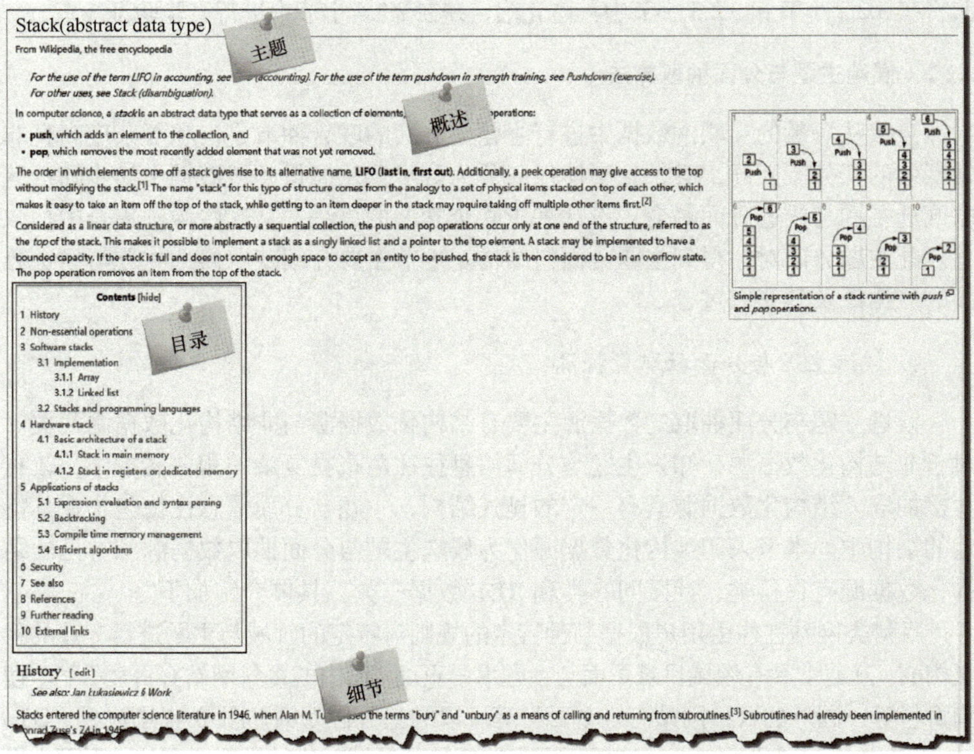

图 3.5　维基百科中主题“Stack”的页面内容

社区问答类网站是互动的知识分享社区，用户在网站上进行提问后，会由对相应领域了解的人对问题进行解答。用户也可以直接利用社区问答类网站提供的搜索引擎，搜索已经存在的问题。社区问答类网站中，提出问题的用户通常会为问题设置一些标签，这些标签中也会包含主题、分面信息。国内的社区问答类网站有知乎等，国外的有 Quora 等。以 Quora 为例，其页面结构如图 3.6 所示，在该问题与回答中，存在“Binary Trees”“Binary Search”和“Delete a node”等主题与分面信息。

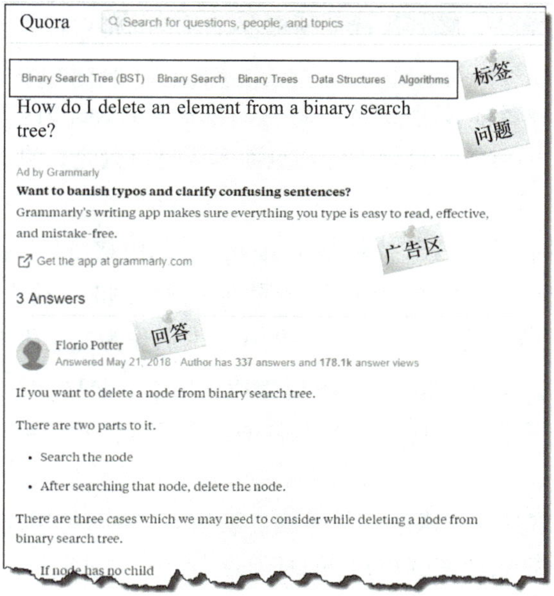

图 3.6　Quora 页面结构示意图

RDF 提供了一个统一的标准，是三元组形式的数据模型。三元组以<主题，分面，分面内容>的格式，反映主题与相应知识内容之间的关系。YAGO 是一种常见的 RDF 数据集，其数据格式如图 3.7 所示。图中左侧部分指明了主题，中部框住的部分可以认为是该主题的分面。从图中可以看出，RDF 数据集的分面可能会混杂着很多与特定主题无关的属性，如“redirectedFrom”“linksTo”。

<Binary_tree>	<hasWikipediaAnchorText>	"tree"@eng .
<Binary_tree>	<hasCitationTitle>	"The Algorithm Design Manual"@eng .
<Binary_tree>	rdfs:label	"二叉树"@zho .
<Binary_tree>	<redirectedFrom>	"Binary tree (graph theory)"@eng .
<Binary_tree>	owl:sameAs	<http://www.wikidata.org/entity/Q380172> .
<Binary_tree>	<hasWikipediaArticleLength>	"35431"^^xsd:integer .
<Binary_tree>	<hasWikipediaUrl>	<http://en.wikipedia.org/wiki/Binary_tree>
<Binary_tree>	<linksTo>	<Red-black_tree> .

图 3.7　YAGO 数据格式示意图

为便于介绍，本节以数据权威、结构简单的维基百科数据源作为主题与分面抽取的主要数据来源。

2. 候选主题抽取

候选主题抽取是主题抽取以及后续分面树构建的先导步骤。为了得到某领域高质量的知识主题，需要先得到领域下高质量的知识术语集合，即候选主题集合。通过这一步骤，能够有效过滤海量数据中的噪声数据与低质量知识术语，筛选出较高质量的知识术语集以备知识主题的抽取。本节以上述结构化数据源中的维基百科为例，通过自动化的网页链接爬虫程序获取维基百科网站的特定领域目录页，并应用去重筛选等算法，得到候选主题集合。对应的爬虫程序与候选主题抽取算法设计如下。

步骤 1：由领域名称 KDN 开始，针对根目录页面 $RC(DTC_0)$ 进行遍历，解析子目录术语链接，同时将子目录术语与页面术语进行判定，剔除超长字符串，将这些术语作为一层术语 DTC_1；

步骤 2：对一层术语 DTC_1 执行基于 Jsoup[①]的超链接解析，查找二层子目录与子页面，判定依据与一层术语相似，在子页面术语处理时，检查外向超链接数量，去掉只有单一外向链接的子页面术语，将其余术语作为二层术语候选 DTC_2；

步骤 3：对二层术语 DTC_2 进行解析查找三层术语 DTC_3，由于知识概念跨度增大，除进行以上操作外，还要去掉重名子目录术语，并将去重后的术语作为三层术语 DTC_3；

步骤 4：将爬取的三层术语汇总并按目录分类，进行停用词筛选与整体去重，得到该领域 KD 最终候选主题集 DTS(DT set)。

上述算法的伪代码如算法 3.1 所示。

算法 3.1　候选主题抽取算法

输入：候选知识领域名称 KDN

输出：该领域候选主题集 DTS

```
//初始化各层术语临时寄存
DTC_{0,1,2,3} = 0
//领域名称作为初始术语
DTC_0 = KDN
DTC_0 //经超链接解析后回传 DTC_1
```

---

① Jsoup，一款用于 Java 的 HTML 解析器，可通过 DOM、CSS 和 jQuery 的方法来操作数据，https://jsoup.org/。

```
DTC1 = HyperLink(DTC0)
for each page P∈DTC1 do
    //DTC1经超链接解析后回传DTC2
    DTC2 = HyperLink(DTC1)
    if p∈DTC1 and HyperLink(DTC1) <= 1 then
        //去掉单独子页面的术语
        DTC2 = DTC2 − p
        for each page p∈DTC2 do
            //DTC2经超链接解析后回传DTC3
            DTC3 = HyperLink(DTC2)
            if p∈DTC2 and HyperLink(p) <=1 then
                //去掉单独子页面的术语
                DTC3 = DTC3 − p
                //去掉重名子目录，检查其所有子页面
                DTC3 = check(p)
                //爬取一层作为碎片信息候选
                add FK
            end if
        end for
        //将DTC3加入DTC2
        DTC2 = DTC2 + DTC3
    end if
end for
//将DTC1、DTC2加入DTC0
DTC0 = DTC1 + DTC2
//筛选，去重后输出候选主题集合
DTS = check(DTC0)
```

3. 候选分面抽取

候选分面集是指可能挂接到知识主题的所有分面集合，包括一级、二级和三级分面。以维基百科为例，为了得到高质量的候选分面集，本节首先对该分面数据源进行分析。

根据维基百科的目录部分，可以得出两点结论：①目录中的部分条目不能作为分面，具体条目为参阅(see also)、参考(reference)、外部链接(external links)、概述（overview）、注意（notes）、引用（citation）和进一步阅读（further reading）。明显看出，这些条目属于维基百科目录的固有组成部分，并不包含与特定主题相关的分面信息。②目录条目中除公有条目之外的其他条目的中心词可以作为候选分面。其中，中心词通常是位于形容词后且在介词之前的名词性短语。在分析词性，提取出中心词后，本节将中心词的大小写、单复数、形态进行统一，从而可以得到一个候选分面。显然，中心词只是一个名词性的短语，不包含任何修饰词，也就是说，这些短语是一级分面的候选分面。

这里，将课程领域下所有知识主题的维基页面目录部分进行上述操作，并将所得的候选分面结果合并，即可得到一个完整的候选分面集。根据先验知识，有四个较为通用的分面，分别是①定义：表示对应的主题具体指什么；②特征：表示对应的主题所具有的特点；③举例：列举对应的主题应当包括什么实例；④应用：列举对应主题的实际应用场景。对于教育知识领域，几乎每一个知识主题都存在这四个分面，因此，本节首先将这四个分面进行剔除，在抽取完成后再将这四个分面加入到生成结果中。

接下来在 3.2.3 小节中，抽取特定领域的所有主题及对应分面，并在 3.3 节中对每个主题的所有分面进行上下级关联挖掘，得到具有层次结构的主题分面树。

3.2.3　主题分面联合抽取算法

根据 3.2.1 小节与 3.2.2 小节的分析，传统的流水线式知识图谱构建方法对于主题分面树的构建而言，未能考虑流程前后任务之间的相关性与相互影响，因此可能造成错误与噪声累计，降低分面树的构建质量，本节提出基于联合考虑主题与分面抽取任务的算法框架。

如图 3.8 所示，主题分面联合抽取算法研究框架以给定领域下的候选主题与候选分面作为输入，首先构建候选主题与分面的特征表示，然后构建基于主题分面联合学习的深度网络模型（Topic-Facet Union Net，TFUNet），从而抽取主题并度量主题分面对之间的匹配系数，初步生成该领域下的主题分面树。该框架的研究任务可形式化定义如式(3.1)所示：

$$F(a*v_t+b*v_{t\text{-}f})\rightarrow \text{label}\{t,f\} \tag{3.1}$$

式中，v_t 是候选主题 t 的特征向量；$v_{t\text{-}f}$ 是在候选主题 t 下分面 f 的特征向量；a和b 是两个可训练的权重参数；$F(\cdot)$ 是一个非线性的深度网络函数，其输出 $\text{label}\{t,f\}$ 来判定候选分面 f 是否属于候选主题 t 的真实分面。

整体来说，除输入输出部分外，该框架主要包括候选主题与分面特征表示、TFUNet 主题分面联合抽取网络两部分，具体介绍如下。

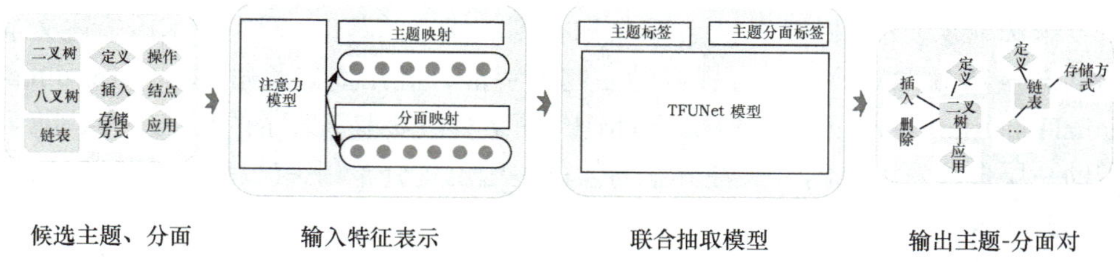

图 3.8　主题分面联合抽取算法研究框架示意图

1. 候选主题与候选分面特征表示

在联合学习框架中，候选主题与候选分面的特征表示如图 3.9 所示。该模块主要考虑候选主题与候选分面的自然语言特征、位置特征、字面特征等，生成候选主题与候选分面所融合的特征表示如表 3.3 所示。

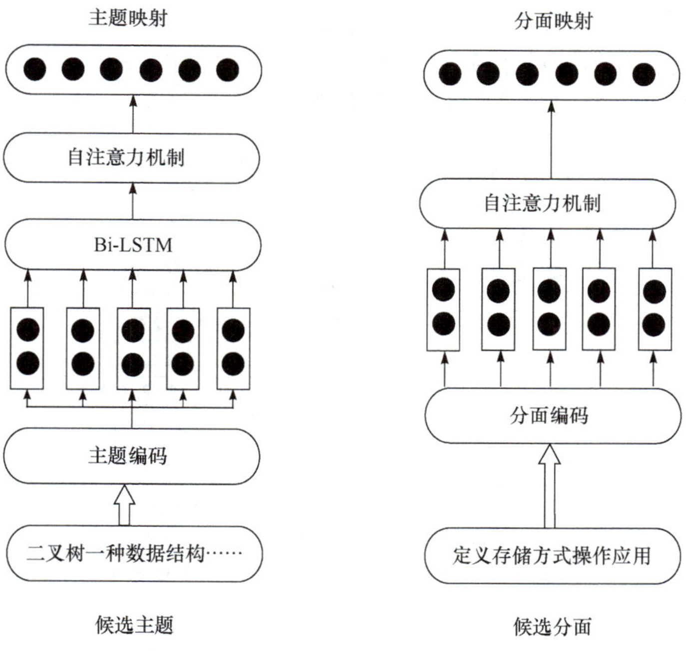

图 3.9　候选主题与候选分面的特征表示示意图

表 3.3　候选主题与候选分面所融合的特征表示

输入数据	所融合的特征表示
候选主题	术语文本描述的 Word2Vec 词向量表征、主题词特征（术语字面统计信息，如长度、词结构、主题相关索引信息等）
候选分面	分面术语及其描述文本、分面词特征（术语字面统计信息，如长度、词结构、分面相关索引信息等）

候选主题表示：根据 3.2.2 小节抽取得到的候选主题，针对主题术语描述文本的词向量(Word2Vec)，融合提取的主题词特征，利用双向长短期记忆(bi-directional long short-term memory, Bi-LSTM)[30]网络算法获取该表示的特征向量，随后借助一层自注意力机制[31]关注其中与候选主题位置分布相关的特征，得到候选主题的嵌入表示。

候选分面表示：根据 3.2.2 小节抽取得到的候选分面，针对分面术语及其描述文本的 Word2Vec 表示，融合提取的分面词特征，利用自注意力机制将该分面在特定主题下的相关特征进行重编码，得到候选分面的嵌入表示。

2. 联合学习网络模型 TFUNet 结构设计

主题分面联合学习网络模型 TFUNet 结构设计如图 3.10 所示。该网络主要由两大模块 T-task 和 TF-task 组成，两者之间通过反馈连接互相影响。其中，T-task 模块负责主题抽取任务，它将得到的主题语义信息提供给 TF-task 模块，而后者主要负责主题-分面对匹配任务，其输出通过反向传播给 T-task 模块负反馈以调整主题抽取结果，整个网络通过多次迭代来优化主题分面联合抽取的效果。

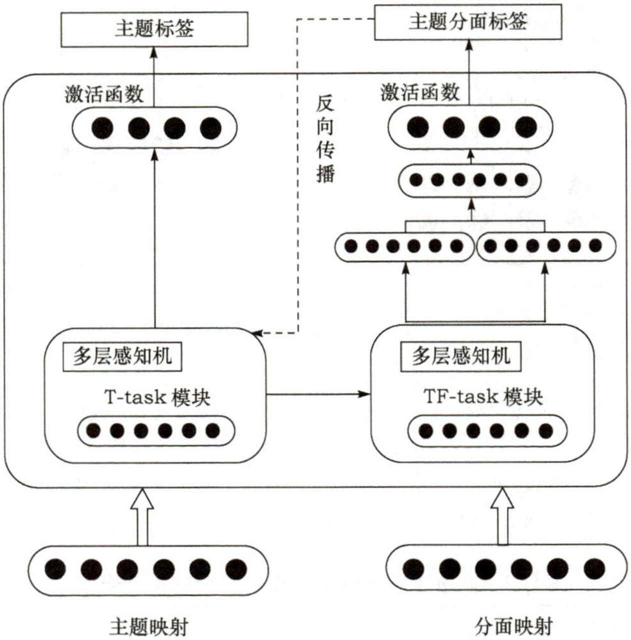

图 3.10　主题分面联合学习网络模型 TFUNet 结构设计

在 TFUNet 网络中，负责主题抽取子任务的 T-task 模块以特征表示模块生成的候选主题特征作为输入，借助多层感知机(multi-layer perceptron，MLP)挖掘特征内部的关联关系，进而预测候选主题是否为真实主题的得分值。负责主题分面对匹配子任务的 TF-task 模块以特征表示模块生成的候选分面特征作为输入，同时融合 T-task 模块提供的主题特征信息，依然借助 MLP 网络输出候选分面与候选主题的匹配系数。主题分类损失与候选主题对匹配损失经反向传播同时调整 TF-task 模块与 T-task 模块的权重参数。经过多次迭代，当结果趋于稳定，T-task 模块与 TF-task 模块分别输出主题抽取的二元标签与主题-分面对匹配的二元标签，得到该领域下的主题-分面对结构。

上述模型中，T-task 模块的损失函数如式(3.2)所示，TF-task 模块的损失函数如式(3.3)所示：

$$L_t = -\left[t_s * \log_2 \hat{t} + (1-t_s) * \log_2 (1-\hat{t})\right] \tag{3.2}$$

$$L_f = -\left[f_s * \log_2 \hat{f} + (1-f_s) * \log_2 (1-\hat{f})\right] * t_s \tag{3.3}$$

式中，对于 T-task 模块，$\hat{t}$ 表示候选主题 t 被预测为真实主题的得分值，$t_s \in \{0,1\}$，表示 t 实际是否为主题；对于 TF-task 模块，当 $t_s = 1$ 时，$\hat{f}$ 表示候选分面 f 被预测为真实分面的得分值，$f_s \in \{0,1\}$，表示 f 实际是否为分面。两个任务的损失函数均借鉴二分类的交叉熵损失函数进行设计。考虑到对于不正确的主题，其分面损失没有意义，在这种情况下，即 $t_s = 0$ 时忽略分面损失 L_f。

对于联合学习的整体损失，基于以上两个模块分别的损失设计，考虑损失加权与过拟合问题，将主题分面联合抽取任务的总体损失函数设计如式(3.4)：

$$L = (\lambda_1 L_t + \lambda_2 L_f)\frac{1}{\lambda_1 + \lambda_2 t_s} + \lambda_3 \|\theta\|^2 \quad (\lambda_1 + \lambda_2 = 1) \tag{3.4}$$

总体损失函数需要综合考虑主题损失 L_t 和分面损失 L_f，λ_1 和 λ_2 分别为主题损失与分面损失的权重。对于判别为非主题的候选 t，即 $t_s = 1$ 时，其分面损失也应当忽略不计，此时总损失退化为主题损失函数。此外，添加正则项 $\lambda_3 \|\theta\|^2$ 以平滑参数，避免出现过拟合。整体构成联合抽取任务的总体损失 L。

在 TFUNet 网络的训练中，同时对两项任务进行模型训练与优化，通过最小化全局损失 L 来达到提升两个任务综合效果的目的。

3.2.4　测试验证

本节为验证所提出主题分面联合抽取模型的有效性，利用人工投票法构建了教育知识领域中五个英文领域数据集：数据挖掘、数据结构、数据库原理、C 语言、Java 语言。每个数据集中包括该领域下的候选主题与候选分面，各自分为正、负两种样例。其中，正样例指正确的主题和主题-分面对，负样例指错误的主题和主题-分面对。在该数据集上将提出的模型与三种已有方法分别进行了对比验证。数据集的统计情况见表 3.4。

表 3.4　数据集的统计情况

数据集领域	候选主题数量 CT	候选分面数量 CF	η^*
数据挖掘	553	3896	7.05
数据结构	565	4255	7.53
数据库原理	309	2908	9.41
C 语言	815	7140	8.76
Java 语言	669	5811	8.69

* $\eta=\frac{\text{CF}}{\text{CT}}$：数据集中候选分面数量与候选主题数量的比值，表征该领域主题的平均分面数。

无论主题抽取任务的输出为候选主题是否为真，主题-分面对匹配任务的输出为匹配对是否为真，两者均输出二元分类结果，因此本节采用 $F1$ 值作为主题抽取任务 T_L 和主题-分面对匹配任务 TF_L 的评价指标。在实验过程中，使用了 Word2Vec 在维基百科英文文本语料库上预训练的 300 维词向量，针对候选主题、分面及其描述文本与特征等信息分别进行了表示。在训练的每个迭代中会将训练数据分为多个批次，按批次分别进行处理，考虑到批处理量过大对训练结果泛化性能的影响与过小造成的收敛困难，实验中将批大小设置为 128。

实验采用了三种现有的主题(实体)-分面(属性)构建方法进行对比：①DQE[24]抽取模型基于文档集与检索日志，首先对已标注的种子实体集进行扩充，其次利用属性相似性关系扩充领域中种子实体集的属性集，最后进行实体与属性的关联匹配。②UTM[26]提出一种从多数据源提取实体属性对并计算概率评分以进行筛选过滤的方法。该方法集合条件概率与模式规则两种方法计算了实体在领域下的评分以及属性与实体的匹配值，实现实体属性的抽取。③Pipeline 是基于流水线结构的主题分面抽取方法。该方法通过特定领域结构化数据源抽取与语义筛选构建主题集，其次利用维基信息与标签传播算法构建主题对应的分面，是知识森林构建早期采用的方法。

表 3.5 是三种对比方法与本方法在数据集上的两种任务实验结果。表中以 $F1$ 值作为标签分类的性能评测指标，比较四种方法的实验结果，可以发现除了 UTM 概率模型外，其他方法普遍在主题标签分类任务 T_L 中的效果好于主题-分面对标签任务 TF_L。同时，TFUNet 在多个领域上的效果表现相比其他方法均有 2%以上

的提升，仅在数据库原理数据上的 T_L 指标稍落后于 DQE 方法。

表 3.5　四种方法在数据集上的两种任务实验结果

数据集	数据挖掘		数据结构		数据库原理		C 语言		Java 语言	
对比方法	T_L	TF_L	T_L	TF_L	T_L	TF_L	T_L	TF_L	T_L	TF_L
DQE	63.7	52.6	55.8	49.2	75.2	65.3	61.3	47.8	62.3	59.2
UTM	52.9	54.6	46.5	47.5	47.2	44.6	53.3	58.1	52.8	63.6
Pipeline	61.3	55.8	59.1	51.1	60.2	53.6	67.0	54.4	62.9	59.9
TFUNet	**68.1**	**57.2**	**62.9**	**53.1**	**74.7**	**67.0**	**72.4**	**60.2**	**69.7**	**65.5**

具体分析如下：

(1) 与三种对比方法相比，基于主题分面联合抽取的 TFUNet 模型能获得更好的整体抽取效果，说明考虑主题与分面间的互相影响对于各自的抽取任务有明显的提升效果，特别是非主题-分面对的判别对于低质量主题的贡献有效提高了主题抽取任务的准确度。

(2) 对比方法 DQE 基于种子实体的属性相似性分析扩展分面集，其原理与 Pipeline 方法相似，两种方法在分面对匹配任务上取得了较为相似的结果，DQE 方法能够较好利用结构化知识，但比较依赖于种子实体的构建，需要部分人工标注的工作，进行跨领域的知识抽取比较耗时。

(3) TFUNet 方法在两种任务上的 $F1$ 值基本好于对比方法，同时其在 TF_L 任务上的性能低于 T_L 任务。这说明 TF_L 任务对于 T_L 任务具有较好反馈效果，而主题-分面对匹配任务的效果仍有提升空间。UTM 对比方法尝试抽取实体属性对，通过结合条件概率与模式规则两种方式来提升分面匹配的准确度，虽然在主题判别任务中效果一般，但在分面对匹配任务中效果比较理想。

本节最后，举一例来说明主题分面联合抽取算法的实际效果。图 3.11 是数据结构领域主题分面联合抽取的局部结果。一组相关的候选主题“二叉树”“2-3-4 树”“红黑树”“四叉树”“八叉树”在经过主题-分面对匹配反馈之后，“二叉树”和“红黑树”被保留为知识主题，其中主题“二叉树”共匹配到“二叉树-存储方式”“二叉树-左右节点”等 12 个主题-分面对，主题“红黑树”匹配到“结点颜色”“插入规则”等 9 个主题-分面对。其他候选则因本身语义信息不充分或者主题分面匹配系数过低而被淘汰。上述结果表明，主题分面联合抽取方法能够有效利用分面匹配情况修正对候选主题的评价，从而提高整体抽取质量。

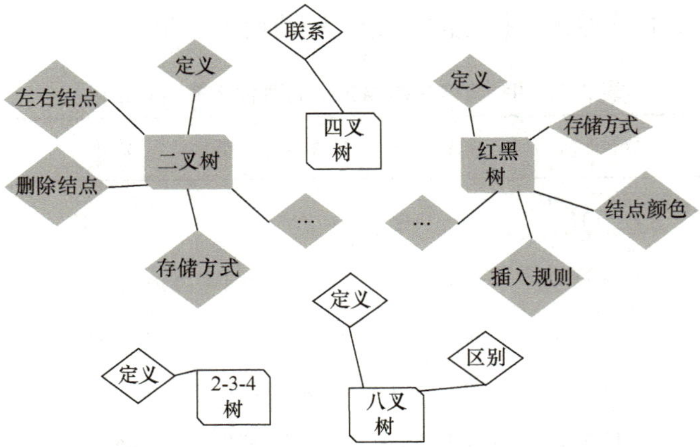

图 3.11　数据结构领域主题分面联合抽取的局部结果

3.3　分面间上下位关系抽取

在 3.2 节中得到了某个领域下所有的主题以及这些主题下对应的所有分面，本节将在此基础上挖掘每个主题的分面层级结构，即分面间的上下位关系。分面间上下位关系是指知识主题的某一分面与其子分面存在的包含与隶属关系。首先对任务进行定义。

输入：知识主题 t，以及该主题下的分面集合 $F=\{f_1,f_2,\cdots,f_m\}$；

输出：分面间上下位关系集合 $R=\{r_1,r_2,\cdots,r_n\},r_i\in F\times F$，$i$ 表示上下位关系的索引。

以主题“二叉树”为例，分面间上下位关系抽取过程如图 3.12 所示。

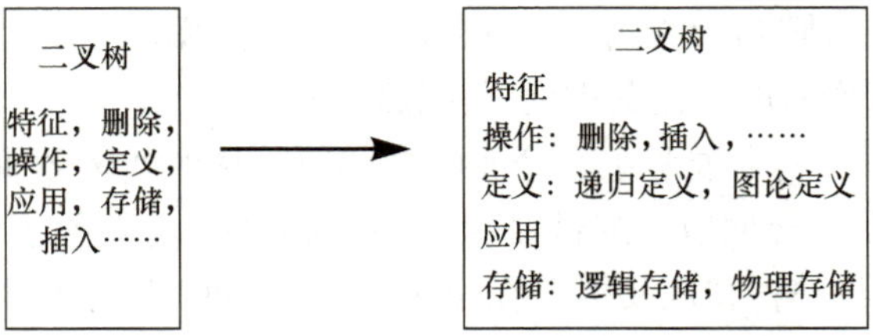

图 3.12　分面间上下位关系抽取过程示意图

3.3.1　国内外相关研究

本节对国内外已有的关于上下位关系的研究进行介绍。已有研究中的上下位关系指语义网中上位词和下位词之间具有的语义包含关系，通常是一种“is-a”的关系，这与本节定义的上下位关系存在一些区别，这些区别将在 3.3.2 小节中进行详细描述。

以著名的认知语言学英语词典 WordNet 为例，其中一部分上下位结构如图 3.13 所示。对于其中的名词来说，以“颜色”为例，“紫色”也是一种“颜色”，因此存在着一个由“颜色”指向“紫色”的上下位关系，其中“颜色”为上位词，“紫色”为下位词。同理，“红色”和“蓝色”也是“颜色”的下位词，称“红色”和“蓝色”为共下位词。对于动词来说，也有类似的情况，对于“感觉”，由于所有的“听觉”都是“感觉”，动词“感觉”和动词“听觉”之间也存在上下位关系。

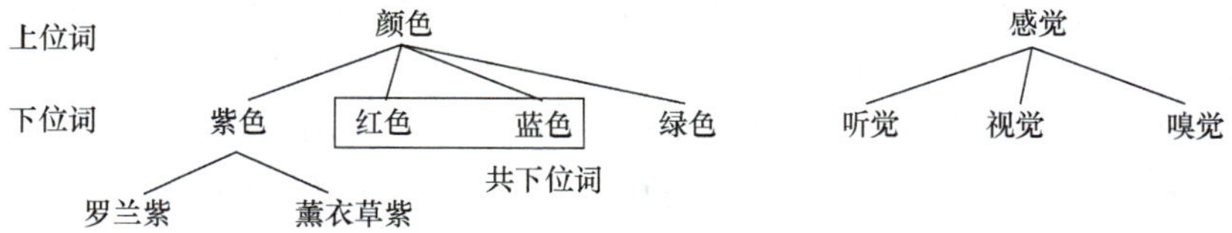

图 3.13　WordNet 部分上下位结构示意图

当前对英文文本的传统上下位关系的研究已经比较透彻，近几年主要集中于对其他语言的上下位关系的研究。传统上下位关系挖掘方法可以分为基于模式的方法、基于词向量的方法、基于分类的方法、基于聚类的方法四种。

(1) 基于模式的方法。这类方法使用语法模式或词法模式对语料库进行匹配，从而获得上下位关系。最早的方法由 Hearst[32]提出，设计了大量如“NP_1 such as NP_2”的模式，从而识别出 $NP_1 \rightarrow NP_2$ 存在上下位关系。Ortega-Mendoza 等[33]使用一些上下位关系作为种子，如“水果”→“苹果”，利用搜索引擎在 Web 文本中匹配包含这些种子实体的上下位关系模式，如根据“苹果是一种水果”识别出模式“[上位词]是一种[下位词]”，并根据这些模式抽取更多的上下位关系。

(2) 基于词向量的方法。这类方法通过为每一个单词训练词向量，并根据词向量之间的关系来挖掘上下位关系。例如，Fu 等[34]提出了一种基于词向量偏移特性的上下位关系构建方法。在这种方法中，“虾”→“对虾”、“鱼”→“金鱼”是两对上下位关系，“工人”→“木匠”、“演员”→“小丑”不是上下位关系，此时对应的词向量偏移应满足：v(虾)−v(对虾)≈v(鱼)−v(金鱼)；v(工人)−v(木匠)≈v(演员)−v(小丑)；v(虾)−v(对虾)≠v(工人)−v(木匠)。训练完成之后，即可通过词向量之间的距离来判定上下位关系，并根据上下位关系的可传递性挖掘更多的上下位关系。另外，Wang 等[35]提出了一种弱监督框架来抽取中文语料库中的上下位关系。这种方法对词向量进行了扩展，对实体词更细致地区分了“属于”和“部分”的区别，如对于“国家”→“日本”上下位关系，其词向量偏移与上下位关系“亚洲国家”→“日本”不同。基于此构建训练集，并进行训练，再定义一些模式进行优化，从而挖掘上下位关系。

(3) 基于分类的方法。这类方法将上下位关系的挖掘视作一个二分类问题，使用分类算法来判别上下位关系存在与否。例如，Li 等[36]利用实体的长度、词性、纯度等七个语言学特征，使用支持向量机（support vector machine, SVM）分类器对上下位关系进行预测；Fan 等[37]抽取娱乐领域的上下位关系并构建了一个简单的知识图谱，使用百度百科语料库训练中文词向量，从维基百科的目录结构中抽取候选的上下位关系，最后利用 SVM 分类器采用“自下而上”的策略对候选上下位关系进行分类。

(4) 基于聚类的方法。这类方法针对与分面关联的文本描述进行聚类，并为每一个聚类簇生成有意义的短语作为分面。一般从簇内选取频率最高的或者离中心点最近的短语作为低层分面。例如，Cutting 等 [38]对文档进行聚类，采用簇内的重要术语，以及离簇中心最近的文档标题对簇进行标注；Carmel 等[39]除了从簇内文档中抽取重要的术语作为备选分面外，还根据维基语料库来进一步补充分面集合；Radev 等[40]通过主题检测获得聚类中心并对中心的文档生成摘要用来标记该簇，但是多文档摘要技术的结果通常太长以至于无法作为分面的标签；骆雄武等[41]建立了一棵后缀树，然后计算后缀树中各个短语的得分，选取得分最高的若干短语作为候选分面标签。

3.3.2 与传统上下位的区别和联系

传统上下位关系与分面间上下位关系有两大相同点：①一方面，两种上下位关系中上位词和下位词之间都是“is-a”的包含关系，如图 3.12 分面间上下位关系中“二叉树”的“定义”→“二叉树”的“递归定义”，图 3.13 传统上下位关系中“颜色”→“紫色”；②另一方面，两种上下位关系都具有不对称性和可传递性。其中，不对称性是指如果存在上下位关系 $A \to B$ ，那么不存在上下位关系 $B \to A$ ；可传递性是指如果存在上下位关系 $A \to B, B \to C$ ，那么存在上下位关系 $A \to C$ 。

另外，分面间上下位关系与传统上下位关系相比有四大不同点：①传统上下位关系包含动词、名词等多种类型词汇之间的关系，而由于分面可视作主题的属性，多以名词为主。②传统上下位关系不强调主题-分面的概念，但分面间上下位关系是依托于主题而存在的。相同的分面依附于不同的主题时会对应不同的知识碎片。例如，对于分面“操作”，主题“二叉树”的“操作”与主题“堆栈”的“操作”显然是不同的。③传统上下位关系较为通用，而分面间上下位关系具有异构性，即不同主题的相同一级分面可能具有不同的二级分面，如对于主题“二叉树”的“定义”，存在“递归定义”和“图论定义”，而对于主题“排序算法”的“定义”，其显然不存在“图论定义”。④从关系层次角度考虑，传统上下位关系层次较深，如“颜色”→“蓝色”→“浅蓝色”→“天蓝色”→……；而分面间上下位关系的层次通常在 3 层以内，并且较为稀疏。在知识森林人工标注的数据集中，有 61.4%的主题存在分面，但仅有 19.2%的分面存在下位分面。

两种上下位关系间的对比如表 3.6 所示。

表 3.6　传统上下位关系与分面间上下位关系的对比

上下位关系	相同点	不同点
传统 上下位关系	(1) 上位词与下位词间具有包含和隶属关系； (2) 关系具有不对称性和可传递性	(1) 包含名词、动词等各种类型词汇； (2) 不强调主题-分面结构； (3) 上下位关系较为通用； (4) 层次可能较深
分面间 上下位关系		(1) 以名词为主； (2) 依托于主题存在； (3) 分面可以看作主题的属性，上下位关系具有异构性； (4) 层次通常较浅，且较为稀疏

3.3.3　基于 Motif 的分面间上下位关系抽取算法

以 3.2 节生成的主题-分面对为输入，即每一个主题对应一系列分面，本节设计如图 3.14 所示的分面间上下位关系抽取流程图，输出多个分面间的上下位层次结构。

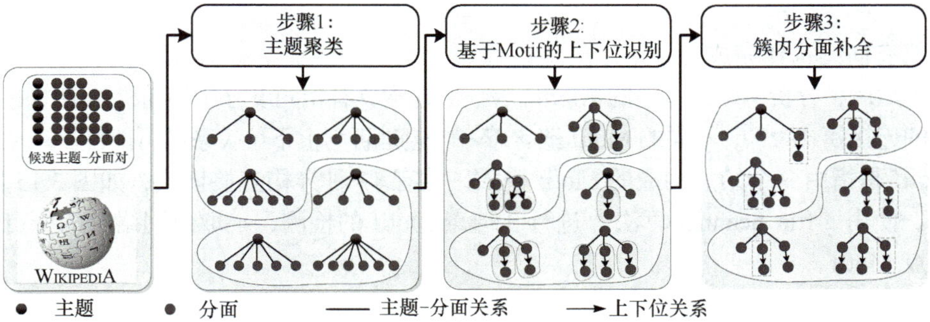

图 3.14　分面间上下位关系抽取流程图

算法具体步骤说明如下。

步骤 0：预处理。将特定主题的所有分面都作为该主题的一级分面，并直接挂接到该主题上。

步骤 1：主题聚类。由于分面间上下位关系的异构性，对于不同的主题，其上下位关系可能不通用。例如，对于“二叉树”主题，其存在“操作”→“遍历”这个上下位关系，而对于“栈”主题，尽管存在“操作”这个分面，但是并不存在“操作”→“遍历”这个上下位关系。对于较为相似的主题，其对应的上下位关系结构是较为相似的。例如，所有的与“树”有关的主题，“操作”→“插入”这个上下位关系几乎都是成立的。因此，对主题进行聚类操作可有效解决这一问题。维基百科中页面的简介部分概括描述了关于某个主题的主要内容，因此可利用该文本描述来表征主题的高层语义信息。在这里，使用 Bert[42]将文本描述转化为语义特征向量，并采用层次聚类方法[43]对这些特征向量进行聚类，从而将语义相似的主题划分到同一簇中。

步骤 2：基于 Motif 的上下位识别。同一主题的不同分面从不同的角度对主题进行了更细粒度的描述。对于分面间上下位关系，某一个下位分面描述的内容是其上位分面描述内容的子集。由于分面是依附于主题而存在的，在识别上下位关系时，需要结合主题和分面的信息。为了结合主题、分面信息发现分面间上下位关系，将每一个主题-分面对整体看作一个结点，利用搜索引擎构建有权有向图。以主题 t 下的分面 f_1 和 f_2 为例，为了构建有权有向边，分别以 $\{t, f_1\}$ 和 $\{t, f_2\}$ 为关键字在谷歌搜索引擎进行搜索，假定前者搜索到的结果数为 n_1，后者搜索到的结果数为 n_2，二者之间相同的结果数为 n_{12}，则有权有向图中由结点 $\{t, f_1\}$ 指向结点 $\{t, f_2\}$ 的有向边的权重为 $w_{12} = \dfrac{n_{12}}{n_2}$，由结点 $\{t, f_2\}$ 指向结点 $\{t, f_1\}$ 的有向边的权重为 $w_{21} = \dfrac{n_{12}}{n_2}$。最后，对权重进行归一化，并删除具有较低权重的边。至此，有权有向图构建完成。

然后，分析网络拓扑中的 Motif。Motif 是指具有相同度分布的随机网络中更频繁的连接模式[44-45]，不同的 Motif 蕴含着一个边是否为上下位关系的可能性。3 结点 Motif 是指由 3 个结点构成的 Motif 模式，共有 13 种异构连接模式，如图 3.15 所示。使用 g-trie Scanner 算法[46]进行 3 结点 Motif 的检测，抽取出网络中的所有 3 结点 Motif。

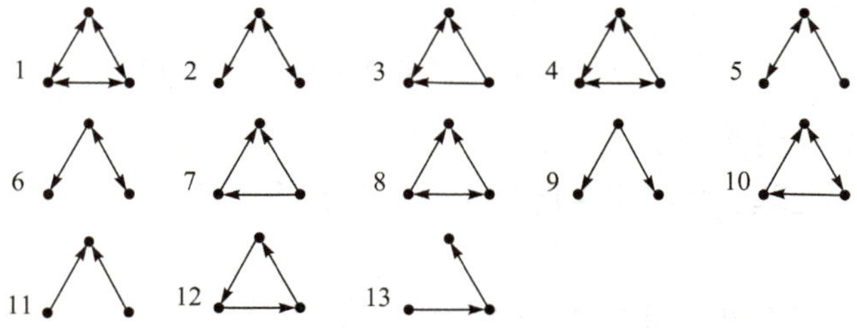

图 3.15　3 结点 Motif 的 13 种异构连接模式

接下来，基于抽取到的 Motif 进行特征向量构建。对于网络中的第 i 个边，利用 3 结点 Motif 的所有 13 种异构模式，构建 13 维特征空间，公式如下：

$$\text{ZScore}(j) = \frac{N(j) - \overline{N_r(j)}}{\sigma(j)} \tag{3.5}$$

$$F(i,j) = O(i,j) \times \text{ZScore}(j) \tag{3.6}$$

式(3.5)中，$N(j)$ 表示在网络 $\mathcal{N}$ 中 Motif $j(1 \leqslant j \leqslant 13)$ 出现的次数；$\overline{N_r(j)}$ 表示该 Motif 在一组与网络 $\mathcal{N}$ 具有相同度分布的随机网络中出现的平均次数；$\sigma(j)$ 表示 $N(j)$ 的标准差。式(3.6)中，$O(i,j)$ 表示第 i 个边出现在网络 Motif j 的次数，j 的范围是 1～13，不同的 $O(i,j)$ 表示该网络 Motif 对超链接影响的强度；$\text{ZScore}(j)$ 衡量 Motif j 出现在特定网络 $\mathcal{N}$ 中的概率；$F(i,j)$ 则表示第 i 个边在第 j 个模式上的特征值。

最后，采用随机森林的方法训练分类器，并对每一条边进行预测，得到最终的结果。训练集采用维基百科目录部分进行构建，对于每一个主题 t，其在维基百科上都具有对应的词条页面，其中的目录(contents)部分包含了一部分分面间的上下位关系。因此，可以根据维基百科对应词条页面的目录部分构建用于训练的上下位关系。训练集构建过程如图 3.16 所示。

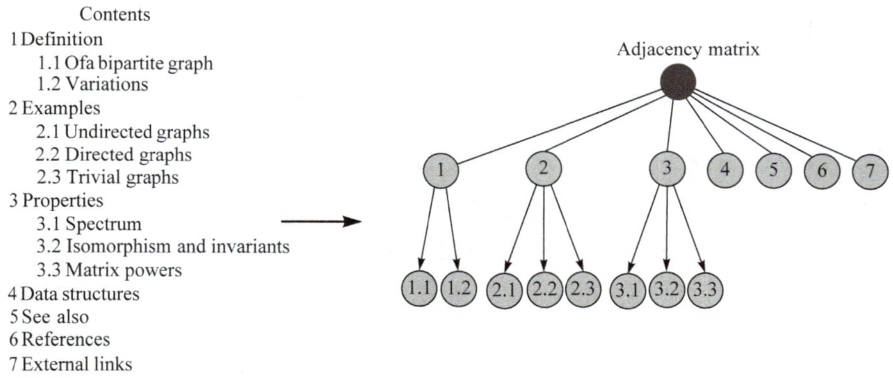

图 3.16　训练集构建过程

步骤 3：簇内分面补全。在同一个主题簇内，可能存在着一些共性的上下位关系。对步骤 1 中得到的同一个主题簇内所有主题的上下位关系进行统计，挖掘其中出现最为频繁的模式。当簇内所有主题对某个上下位关系的投票达到某一阈值时，将该上下位关系作为主题簇内共性的上下位关系，并将该上下位关系扩展到该主题簇内的每一个主题中。至此，分面间上下位关系抽取完成，得到了一棵完整的主题-分面树。

3.3.4 测试验证

本节使用领域专家标注的三个计算机领域(数据挖掘、计算机网络、数据结构)和三个非计算机领域(欧氏几何、经典力学、微生物学)数据集进行了实验。因为分面上下位关系抽取的结果是幂集(多个集合的集合)，每个主题下的分面间上下位关系个数不确定，所以本小节采用点式 $F1$ 值作为评价指标，假设自动识别的分面集为 F，人工标注的分面集为 F'，则公式如下：

$$\text{Precision}(F,F')=\frac{a}{a+c} \tag{3.7}$$

$$\text{Recall}(F,F')=\frac{a}{a+b} \tag{3.8}$$

$$F_1(F,F')=\frac{2\times\text{Precision}(F,F')\times\text{Recall}(F,F')}{\text{Precision}(F,F')+\text{Recall}(F,F')}=\frac{2a}{2a+b+c} \tag{3.9}$$

式(3.7)～式(3.9)中，a、b 和 c 分别表示 F 和 F' 中出现同一个分面术语对的个数、只在 F 的分面中出现的术语对的个数和只在 F' 的某个分面中出现的术语对的个数。另外，本节通过 $F1$ 提升量($F1$ Impr.)表示本方法与对比方法在 $F1$ 指标上的提升，公式如下：

$$F1\ \text{Impr.}=\frac{(F1\ \text{of ours})-(F1\ \text{of Baseline})}{(F1\ \text{of Baseline})} \tag{3.10}$$

由于没有关于分面间上下位关系的已有研究，本节基于传统上下位方法 Bisecting K-means 算法[38]设计对比实验，过程分为四步：①从维基百科条目页面抽取纯文本，同时去除文本中的无关内容，并去除少于 100 个字符的短文本及只包含数学符号的文本。②使用分词工具进行文本分词，并去除停用词，使用 Porter stemmer①方法进行词干提取。条目页面中每个词的词干作为该术语的特征。③使用潜在狄利克雷分配(latent Dirichlet allocation，LDA)模型[47]构建文本的特征向量。设置 LDA 模型的迭代次数为 500，主题个数为 10，超参 $\alpha=0.1$ 且 $\beta=0.1$。④使用传统上下位方法 Bisecting K-means 算法将文本集划分为多个分面。

在上述实验设置条件中，将对比实验与本研究的性能对比结果记录在表 3.7 中。从表 3.7 的统计数据可以看出，相比于基于特征向量的聚类算法，本研究可以产生高质量的分面结构。$F1$ 值的提高幅度为 13.6%～51.7%。特别是对于微生物学领域，精度、召回率和 $F1$ 值均提升了 50%以上。

① Porter stemmer，波特词干器，一种广泛使用的词干提取算法，http://tartarus.org/martin/PorterStemmer/。

表 3.7　对比实验与本研究的性能对比结果

数据集	Bisecting *K*-means 算法			本节模型			*F*1 Impr.
	精度	召回率	*F*1	精度	召回率	*F*1	
数据挖掘	0.462	0.537	0.497	0.613	0.764	0.680	0.368
计算机网络	0.462	0.522	0.491	0.526	0.774	0.626	0.275
数据结构	0.453	0.516	0.483	0.605	0.702	0.650	0.346
欧氏几何	0.441	0.503	0.470	0.491	0.585	0.534	0.136
经典力学	0.476	0.534	0.503	0.56	0.787	0.655	0.302
微生物学	0.455	0.542	0.495	0.709	0.799	0.751	0.517

3.4　小　　结

本章主要分为三部分，首先详细定义了主题分面树的概念，并给出了具体案例；其次给出了主题分面树的自动构建方法，该方法以候选主题与候选分面为输入，采用基于 TFUNet 的深度网络联合抽取主题与分面；最后基于 Motif 结构挖掘每个主题的分面层级结构，最终形成层次化的主题分面树。此时完成了树根与树枝的构建，还没有树叶，树叶与树枝的关联将在第 5 章详细介绍。

第 4 章　学习依赖关系抽取

知识学习是一个渐增的过程，并且新知识的学习依赖于学习者已掌握的知识。这种学习依赖关系表现为在学习某项知识主题之前必须要掌握该知识主题的前提知识。在几何课程中，知识主题“三角形的定义”与“三角形内角和定理”分别是定义类与定理类知识主题，两者之间就存在学习依赖关系，即学习“三角形内角和定理”之前，必须要掌握“三角形的定义”。

在知识森林中，学习依赖关系用于连接知识主题对应的分面树。利用学习依赖关系，可以以可视化的方式为学习者提供导航学习路径。这种导航式学习方式不仅有助于学习者形成课程的知识体系，而且能够有效地避免学习中的迷航问题，从而降低学习者的认知负荷。但是，在各种非结构化文本的课件中，知识主题主要以线性排列的方式组织，很难显式地表达知识元之间的学习依赖关系。如果以人工方式标注学习依赖关系，不仅要耗费大量人力，而且还要求标注者具备该领域的专业知识。

本章将介绍两种学习依赖关系的抽取算法，分别是拓扑与文本特征相结合的算法和基于端到端架构的算法。

4.1　国内外相关研究

学习依赖关系是导航学习、学习计划制定等教育类应用的基础。近年来，国内外研究者提出了较多学习依赖关系抽取方法。根据挖掘学习依赖关系时所依赖学习资源的不同，这些方法可分为四类：①基于学习者行为数据；②基于已有学习依赖关系；③基于长文本内容；④基于网页信息。

在基于学习者行为数据的方法中，学习者行为数据通常指学习者在学习过程中的行为日志（如观看课程视频的点击日志流）或问答等互动行为。这些行为数据体现了学习者的学习方法与学习者知识储备之间的重要联系。此类方法使用不同的模型从学习者行为数据中挖掘学习依赖关系特征。例如，Chen 等[48]构建了知识状态转移模型以捕获学习者的参与度信息，进而分析学习者的知识状态如何转变，具体来说，首先分析学习者的行为数据，如播放、暂停、快进和快退等行为，然后构建学习者行为模型，从这些数据中预测学习者转变到特定知识状态的概率，从而挖掘出学习依赖关系。Chaplot 等[49]综合考虑文本中概念的共现特征和学习者的行为特征(如课程的参与度和测评分数)，提出一种无监督的学习依赖图构建方法。该方法不仅可以识别任意粒度级别(课程、单元、模块等)之间的学习依赖关系，同时也证明学生互动行为比文本阅读更易反映学生的学习效果。

基于已有学习依赖关系认为隐式的学习依赖关系可从显式的关系结构中发现。已有的学习依赖关系可构成学习依赖关系图谱，通过分析该图谱的图特征，可预测知识主题间潜在的学习依赖关系。Liang 等[50]提出从课程依赖关系中恢复概念间的学习依赖关系，并指出课程之间的依赖性是由课程内主要概念间的学习依赖关系所引起的。具体来说，从课程的描述文本中抽取出代表该课程的概念集，通过对课程间依赖关系以及已有概念间关系的分析，考虑学习依赖关系的因果性和稀疏性两个特征构建目标函数，达到预测未知学习依赖关系结果的目标。另外，Roy 等 [51]假设课程间学习依赖关系已知，且不同的课程间具有部分共同的概念。他们使用主题模型衡量概念对之间的相关性，并根据主题词向量的聚类、稀疏性和简单性等训练神经网络识别概念之间的学习依赖先后顺序。

基于长文本内容的方法认为非结构化的长文本中，知识主题的分布特征可反映主题间的学习依赖关系。基于此，Adorni 等[52]挖掘长文本中以线性方式分布的知识主题之间的学习依赖关系，根据术语共现的特征筛选出长文本中可能存在学习依赖关系的知识主题对，并根据知识主题在文本中出现的顺序特征识别候选知识主题对中的学习依赖关系。另外，Nafa 等[53]提出基于布鲁姆认知分类法(理解、分析、应用、评价和创造)的知识单元间认知关系挖掘算法。具体来说，首先从文本中根据动词抽取出知识单元间的关系，并将抽取出的关系表示为图，然后通过分析图的出入度信息以及知识单元所在的认知分类法的层级来挖掘知识单元间隐藏的认知关系。

在基于网页信息的方法中，很多开放知识源中的丰富信息为知识主题间学习依赖关系的挖掘提供了极大便利。以典型的维基百科为例，该知识源中的每个知识主题都具有对应的维基百科页面。页面中不仅包含与当前知识主题相关的完备结构化信息，而且存在指向其他相关知识主题页面的链接。显然，维基百科中主题间的目录层次关系和链接关系能在一定程度上反映主题间的学习依赖关系，因此，很多研究者考虑基于维基百科来实现学习依赖关系的挖掘。例如，Talukdar 等[54]通过分析维基百科页面的文本内容、超链接和页面编辑历史等信息，使用最大熵分类器识别知识主题之间的学习依赖关系。Gasparetti 等[55]从维基百科的文本、超链接和目录结构三个层次分别抽取特征，并构建分类器识别学习依赖关系。为了避免特征工程的构建，Liang 等[56]从认知的角度出发，认为理解知识主题需要学习与知识主题在同一认知框架中的所有相关概念，并提出了仅基于相关概念间超链接的衡量方法，记作 RefD。该方法考虑知识主题的相关概念，并根据两个知识主题的相关概念集之间的超链接的不对称性特征衡量知识主题间是否存在学习依赖关系。由于 RefD 轻量且高效地抽取出知识主题间的学习依赖关系，其作为一个重要特征集成到了许多监督学习方法[57-59]中以准确地识别学习依赖关系。

4.2 学习依赖关系的特征分析

在提出知识主题间学习依赖关系挖掘方法前，首先对样本数据中知识主题的学习依赖关系进行分析，发现并定量研究了关系的局部性以及知识主题文本中术语分布的非对称性，这些特性将有助于实现学习依赖关系的挖掘。

4.2.1 学习依赖关系的局部性

本节从计算机网络、高等数学、平面几何、计算机组成、数据库系统和数据结构六门课程的中文文本中抽取了 9000 多个知识主题，并以人工方式标记了知识主题学习依赖关系。基于标记后的数据，按课程对不同距离下的学习依赖关系数量进行了统计分析。图 4.1 是不同距离下学习依赖关系的数量分布。其中，横坐标 d 表示学习依赖关系的距离，纵坐标 s 表示不同距离下学习依赖关系数量占总数量的比重。对于知识主题学习依赖关系的距离，规定如下：①若知识主题 t_i、t_j 在同一文本中，则 t_i、t_j 之间的距离 $d_{ij}=\left|j'-i'\right|$，其中，$i'$、$j'$ 分别是 t_i、t_j 在文本中的顺序编号；②若知识主题 t_i、t_j 分别在文本 a、b 中，a、b 中的知识主题存在学习依赖关系，则 t_i、t_j 之间的距离 $d_{ij}=j'-i'+n_a$，其中，i'、j' 分别是 t_i、t_j 在 a 与 b 中的顺序编号，n_a 是文本 a 中知识主题的个数。

通过对不同距离下知识主题学习依赖关系数量的统计分析与曲线拟合，发现了学习依赖关系的局部性，表现为知识主题之间的距离越大，该距离下知识主题学习依赖关系的数量越少，并且距离为 d 的知识主题前序数量的比重 s_d 与距离 d 的指数函数成反比，即

$$s_d \propto \mathrm{e}^{-\beta d} \tag{4.1}$$

式中，β 表示知识主题学习依赖关系的分布系数。当 β 系数越大时，知识主题学习依赖关系更趋向于分布在距离较近的知识主题之间，并且随着距离的增大，该距离下的学习依赖关系数量急剧减少。图 4.1 中，计算机网络、高等数学、平面几何课程的分布系数 β 分别为 0.4、0.43、0.48，该系数与具体的数据对象有关。

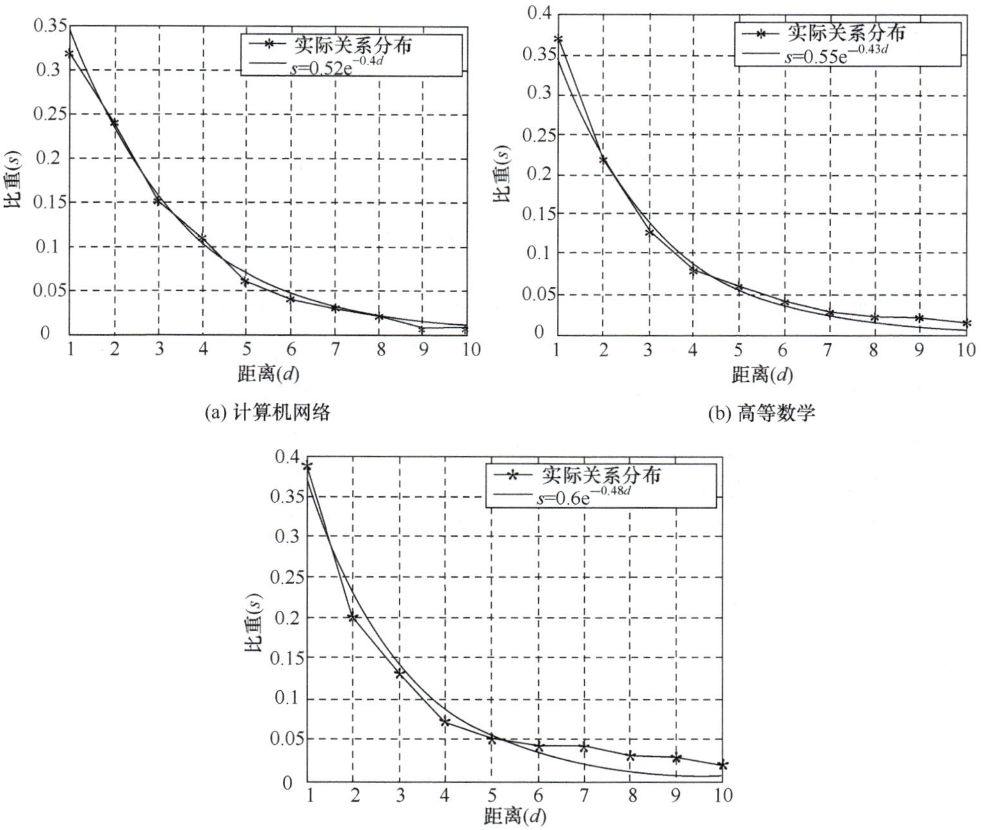

(a) 计算机网络　　(b) 高等数学

(c) 平面几何

图 4.1　不同距离下学习依赖关系的数量分布

需要说明的是，知识主题学习依赖关系的局部性与其长距离依赖性并不矛盾。利用局部性，可将挖掘范围限制在包含该知识主题的文本以及与其主题接近的文本中，从而大大缩小了挖掘的上下文尺度。但是，学习依赖关系与概念关系或实体关系挖掘的上下文尺度相比，仍然具有长距离依赖性。

4.2.2　术语分布的非对称性

在上述样本的基础上，进一步对知识主题的核心术语在相邻文本中的分布频次进行分析。这里，核心术语是指仅在主题名称中出现的术语。例如，主题“三角形外角定理”的文本描述为“三角形的一个外角等于与它不相邻的两个内角的和”。相关的术语包括“三角形”“外角”“内角”，其中“三角形”“外角”为核心术语，因为它们出现在主题名称“三角形外角定理”中。

设 C_i 是文本 $a_i \in A$ 中知识主题核心术语的集合，定义 C_i 在文本 a_j 中的平均

词频为

$$f(C_i,a_j)=\frac{1}{|C_i|}\sum_{c_{ik}\in C_i}\mathrm{tf}(c_{ik},a_j) \tag{4.2}$$

式中，c_{ik} 表示 C_i 中第 k 个术语；$\mathrm{tf}(c_{ik},a_j)$ 表示 c_{ik} 在文本 a_j 中的词频。通过对已有六门课程的标注文本集的分析，发现了知识主题核心术语分布的非对称性：若文本 a_i 中知识主题是文本 a_j 中知识主题的前序，则 $f(C_j,a_i)<f(C_i,a_j)$，即 a_j 中知识主题核心术语在 a_i 中的平均词频，要小于 a_i 中知识主题核心术语在 a_j 中的平均词频。存在非对称性的原因在于 a_i 的核心术语往往在 a_j 中作为普通术语出现。

图 4.2 是以计算机网络课程的文本为对象，对相邻文本中核心术语分布频次的分析结果。其中，横坐标 i 表示文本编号，文本 a_i 中的知识主题与文本 a_{i+1} 中的知识主题存在学习依赖关系；纵坐标 F 表示 $F(i)=f(C_{i+1},a_i)/f(C_i,a_{i+1})$。图中，水平线 $F(i)=F_0$ 中的 F_0 满足 $P(F<F_0)=0.9$。F_0 值可作为对主题相近文本排序的阈值。

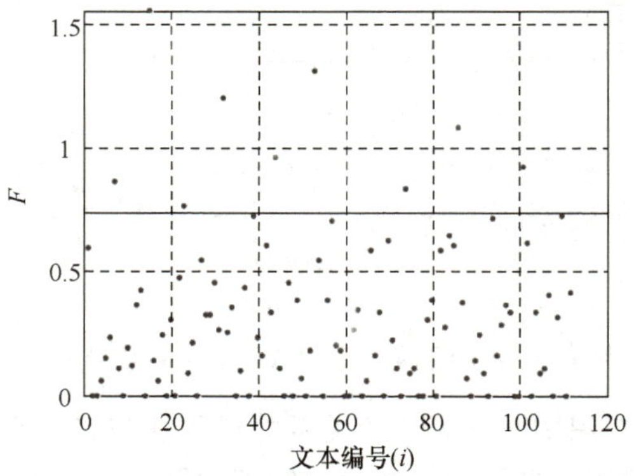

图 4.2　相邻文本中核心术语分布频次的比例

在对相邻文本的术语分布频次分析的基础上，进一步研究了同一课程中文本之间的术语分布频次比例。图 4.3 是以计算机网络、高等数学课程的文本为对象的分析结果。图中横轴与纵轴表示文档 ID；每个矩形块 (x,y) 的灰度值为 $F'(x,y)=f(C_y,a_x)/f(C_x,a_y)$。由图 4.3 可知，浅色块趋向于分布在右下部分，深色块趋向于分布在左上部分。利用 $F'(x,y)$ 可以对文档进行排序。例如，从图 4.3(a)中，可以得出：2>1, 3>2, 4>1, 4>2, 4>3, 5>2, 5>3, 6>1, 6>5, 7>1, 7>2, 7>3, 7>4, 7>5, 8>5, 8>6；从图 4.3(b)中，可以得出 2>1, 2>3, 4>1, 5>3, 6>1, 6>3, 6>5, 7>6, 7>1。上述实验进一步验证了术语分布的非对称性。

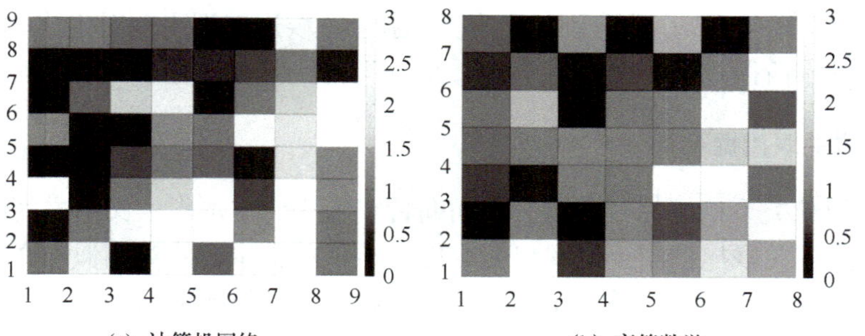

图 4.3　同一课程中文本之间的术语分布频次比例

术语分布的非对称性可以作为判定知识主题中学习依赖关系指向的依据。

4.3　拓扑与文本特征相结合的学习依赖关系挖掘

设 T 为文本集合 A 中的知识主题集合，学习依赖关系挖掘的目标就是挖掘出 T 中知识主题之间的学习依赖关系集合 LD 。这里， $\mathrm{LD} \subseteq T \times T$ ，对于 $(t_i, t_j) \in \mathrm{LD}$ ，表示学习知识主题 t_j 之前，必须先掌握知识主题 t_i 。

根据学习依赖关系的局部性，知识主题仅可能与同一文本内或相近的文本中的主题存在学习依赖关系。因此，对学习依赖关系挖掘，可限制在包含该知识主题的文本以及与该文本相似的文本中。据此，提出了一种三阶段的学习依赖关系挖掘框架(图 4.4)：首先，根据术语分布的非对称性，建立文本之间的关联；其次，根据学习依赖关系的局部性生成候选知识主题对；最后，结合术语、距离、类型三方面特征，采用分类方法判别知识主题对是否具有学习依赖关系。

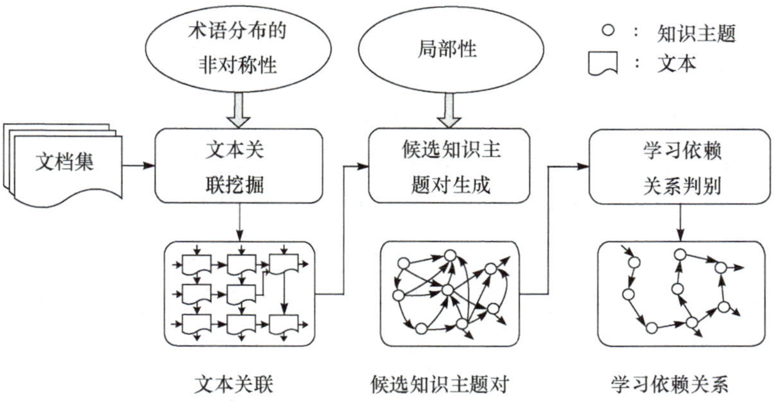

图 4.4　三阶段的学习依赖关系挖掘框架

以下 4.3.1～4.3.3 小节分别对文本关联挖掘、候选知识主题对生成、学习依赖关系判别三个阶段进行说明。

4.3.1　文本关联挖掘

学习依赖关系挖掘的对象是一组面向特定课程的文本集，文本之间缺少显式的关联。文本关联挖掘用于发现与文本集 A 相似的文本，并对相似的文本进行两两排序，使得文本的次序符合文本内知识主题的学习依赖关系。

设初始的文本关联集合 R 为空集 $\varnothing$ 。首先利用词频-逆文本频率(term frequency - inverse document frequency, TF-IDF)模型对文本进行表示，并计算两两间的距离；其次，采用分层聚类算法[43]对文本进行聚类。聚类过程中，生成一个更高层次的簇有以下三种情况：①两个文本 a_i和$a_j \in A$ 聚为一簇；②一个簇 G 与一个文本 a_j 聚为一簇(设 G 中的 a_i 和 a_j 距离最小)；③两个簇 G 与 G' 聚为一簇(设 G 中的 a_i 与 G' 中的 a_j 是两个簇之间距离最接近的文本)。

根据图 4.2，选取阈值 $F_0 = 0.73$ 。

若 $f(C_j, a_i) / f(C_i, a_j) < F_0$ ，根据术语分布的非对称性， a_i 和 a_j 中的知识主题存在学习依赖关系，则使 $R = R \cup \{(a_i, a_j)\}$ ；

若 $f(C_j, a_i) / f(C_i, a_j) > 1 / F_0$ ，表示 a_i 和 a_j 中的知识主题存在学习依赖关系，则使 $R = R \cup \{(a_j, a_i)\}$ ；

若 $f(C_j, a_i) / f(C_i, a_j) \in [F_0, 1 / F_0]$ ，表示 a_i 和 a_j 中的知识主题相互间没有学习依赖关系。

当聚类过程结束时，生成了以 A 中文本为节点，文本间的关联为边的有向图 (A, R) 。

4.3.2　候选知识主题对生成

利用学习依赖关系局部性，可将学习依赖关系的挖掘限制在若干个文本簇中。对文本簇中的每个知识主题，只需要判断是否与同一文本簇中的其他知识主题之间存在学习依赖关系，而不必对整个文本集中的知识主题进行判断。

对于每个 $a_i \in A$ ，对应的文本簇可定义为 $A_i = \{a_i\} \cup \{a_j \mid (a_i, a_j) \in R\}$ 。称文本簇中所有可能存在学习依赖关系的知识主题对构成的集合为候选知识主题对集合。文本簇中的候选知识主题对集合包括两个子集：①文本 a_i 内的候选知识 A_i 主题对集合 LD_i 。设 a_i 中知识主题构成的集合为 T_i ，则 $\mathrm{LD}_i = \{(t_{ix}, t_{iy}) \mid t_{ix}, t_{iy} \in T_i \wedge x < y\}$ ，其中，(x, y) 为知识主题 t_{ix}, t_{iy} 的编号。②文本 a_i 内的知识主题与 A_i 内其他文本中的

知识主题构成的知识主题对集合 LD_i'。设 a_i 中知识主题构成的集合为 T_i， $A_i-\{a_i\}$ 内文本中的知识主题构成的集合为 T_i'，则 $\mathrm{LD}_i'=\{(t_{ix},t_{iy})\mid t_{ix}\in T_i \wedge t_{iy}\in T_i'\}$。

需要说明的是，文本簇 A_i 中的候选知识主题对中第一个知识主题是文本 a_i 的知识主题，因此候选知识主题集合不包括 LD_i' 内知识主题构成的知识主题对，这些知识主题对包含在其他文本簇中。

综上，文本簇 A_i 中的候选知识主题对集合为 $\mathrm{LD}_i \cup \mathrm{LD}_i'$，进而，所有文本簇（整个文本集）的候选知识主题对集合为

$$\mathrm{LD}^* = \sum_{a_i\in A}(\mathrm{LD}_i \cup \mathrm{LD}_i') \tag{4.3}$$

设文本 a_i 中的知识主题数目为 n_i， $N_A=\sum_{a_i\in A} n_i$ 表示文本集 A 中所有知识主题的数目，每个文本簇中知识主题数目的上限为 n_M，则 $\left|\mathrm{LD}^*\right| \leqslant n_M \times N_A$，即候选关系对数与 N_A 为线性关系。若不考虑学习依赖关系的局部性，则候选知识主题对为所有知识主题的两两组合，数目为 $\binom{N_A}{2}$，即候选关系对数与 N_A 为平方关系。后续知识主题对学习依赖关系判别中，将利用分类模型判断知识主题对是否存在学习依赖关系，该过程的复杂度取决于候选知识主题对的数量。因此，上述过程使得学习依赖关系判别的复杂度由知识主题数目的平方关系变为线性关系。

4.3.3　学习依赖关系判别

对上述候选知识主题对集合 LD^* 中学习依赖关系的判别可以看作是对学习依赖关系的二分类问题。其中，需要解决的关键问题是候选知识主题对的特征表示。

根据 4.2 节中对学习依赖关系的特性分析，学习依赖关系具有术语与距离方面的特征。此外，通过样本数据分析，还发现存在学习依赖关系知识主题的类型分布特性。以下对术语、距离、类型三方面特征及其表示进行说明。为表述方便，将知识主题对记为 (t_f,t_b)。

(1) 计算术语特征 F_{fb}。根据术语的分布非对称性，采用公式(4.4)量化知识主题对的术语特征：

$$F_{fb}=\frac{F_f}{F_f+F_b} \tag{4.4}$$

式中， F_f 为知识主题 t_f 中核心术语在 t_b 中出现的频次； F_b 为知识主题 t_b 中核心术语在 t_f 中出现的频次。显然， $F_f/(F_f+F_b)\in[0,1]$，且该数值越大，(t_f,t_b) 存在学习依赖关系的可能性越大。

(2) 计算距离特征 D_{fb}。设 t_f 与 t_b 的距离为 d_{fb}，根据学习依赖关系的局部性，(t_f, t_b) 存在学习依赖关系的概率随着 d_{fb} 的增大呈指数级衰减，因此采用式(4.5)计算距离特征：

$$D_{fb} = \mathrm{e}^{-\beta d_{fb}} \tag{4.5}$$

式中，β 为学习依赖关系的分布系数，根据对该数值的敏感性分析，取值为 0.4。

(3) 计算类型 K_{fb}。通过分析计算机网络、计算机组成、数据库系统三门课程的文本集中具有学习依赖关系的知识主题对，发现：

$\mathrm{KP}_{\max} = \{$(定义,属性), (定义,分类), (定义,方法), (定义,条件), (实例,方法)$\}$ 中的类型对是 5 种比例最大的类型对，对应的知识主题对数目分别占总数的 15.9%、12.5%、12.5%、10.5%、9.1%。

$\mathrm{KP}_{\min} = \{$(区别,实例), (条件,定义), (条件,分类), (实例, 属性), (区别,方法)$\}$ 中的类型对是 5 种比例最小的类型对，对应的知识主题对数目分别占总数的 2.1%、1.3%、1.0%、0.3%、0.1%。

这表明具有学习依赖关系的知识主题类型对在分布上具有明显的非平衡性，因此，类型特征定义如下：

$$K_{fb} = \begin{cases} 1\ , K(t_f, t_b) \in \mathrm{KP}_{\max} \\ -1, K(t_f, t_b) \in \mathrm{KP}_{\min} \\ 0\ , \text{其他} \end{cases} \tag{4.6}$$

式中，$K(t_f, t_b)$ 表示主题对 (t_f, t_b) 对应的类型对。

具有学习依赖关系的知识主题对具有以下特点：①术语、距离、类型特征之间并非完全独立，如类型特征 K_{fb} 与距离特征 D_{fb} 存在负相关性，即特征属性不能满足独立性假设；②特征属性均为数值型。鉴于此，可以选择 SVM 算法判别候选知识主题之间是否存在学习依赖关系。

4.3.4　分布系数β的敏感性分析

由图 4.1 可知，对于不同的课程数据集，分布系数 β 也不相同。为了计算距离特征 D_{fb} 式(4.5)，需要选择合适的 β 值。为此，根据不同 β 值对正例的准确率与召回率的影响，对 β 进行了敏感性分析。图 4.5 是计算机网络与平面集合领域 β 值对正例的准确率与召回率的影响。图中，横轴表示 β 值，纵轴表示准确率与召回率。由分析可知，当 β 值处于特定区间[0.3, 0.8]时，分类结果对 β 值不敏感。根据实验结果，β 值可设置为 0.4。

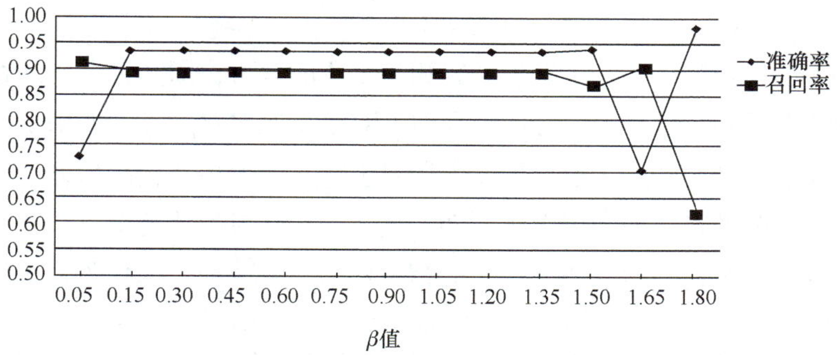

(a) 计算机网络领域

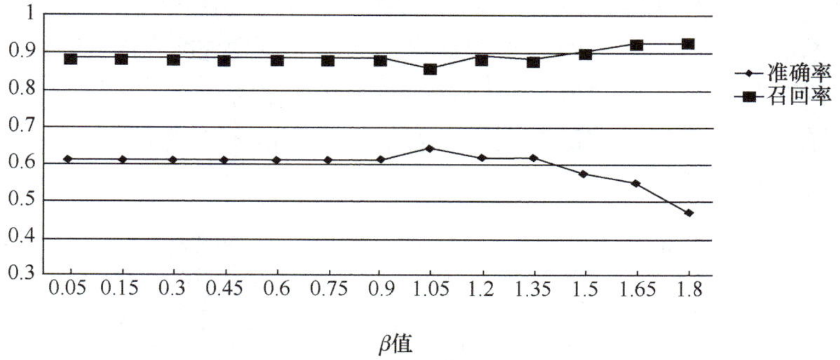

(b) 平面集合领域

图 4.5　计算机网络与平面集合领域β值对正例的准确率与召回率的影响

4.4　端到端的学习依赖关系挖掘

4.3 节通过分析知识主题的拓扑和文本特征来实现主题间学习依赖关系的挖掘。该方法有两大局限性：①该方法的泛化能力差，其在不同的课程领域需花费一定代价重复特征抽取的相关工作；②上述方法由三个独立模块构成，这种流水线型的关系挖掘方式可能导致错误累积，即上一模块的错误将不可逆转的直接传送到下一模块。为了克服上述两个问题，本节提出一种端到端的学习依赖关系挖掘方法。该方法一方面以知识主题的原始文本作为输入，自动学习主题的特征，不需要人工干预；另一方面实现模型参数的整体优化，不再以分模块进行处理，进而避免了错误累积。

在详细介绍端到端学习依赖关系挖掘方法前，通过对样本数据中知识主题学习依赖关系的分析，发现了学习依赖关系的不对称性特征。具体来说，学习者在学习新课程的某一知识主题时，为了全面理解该主题的含义，往往需要学习和理解该主题的其他相关术语[60]。知识主题的相关术语指的是有助于对该知识主题学习和理解的一些其他概念。给定某课程的两个知识主题，一个知识主题的大多数相关术语的学习往往依赖于另一个知识主题相关术语的学习，即知识主题的相关术语集之间的学习依赖关系是不对称的。显然，对于主题对(t_a,t_b)，如果学习者学习主题t_b的大多数相关术语之前，需要先学习主题t_a的大多数相关术语，主题t_a需要在主题t_b之前学习，即知识主题t_a和t_b之间存在学习依赖关系。

如图 4.6 所示，知识主题“树”的相关术语集和“堆”的相关术语集之间的学习依赖关系是不对称的。“树”的相关术语为“二叉树”“二叉搜索树”等可帮助对“树”进行理解的专业术语；“堆”的相关术语为“斐波那契堆”“二叉堆”等可帮助对“堆”进行理解的专业术语。“树”的大多数相关术语先于“堆”的大多数相关术语学习。相关术语集之间存在的大量不对称的学习依赖关系表明，知识主题“树”与知识主题“堆”之间存在学习依赖关系，且“树”是“堆”的先序学习主题。显然，相关术语集之间学习依赖关系的不对称性可反映出知识主题之间的学习依赖关系。

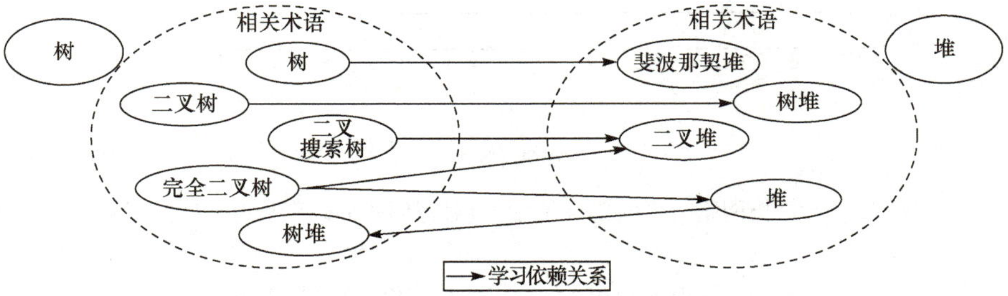

图 4.6　学习依赖关系不对称性实例

基于上述学习依赖关系的不对称性特征，本节提出如图 4.7 所示的端到端的学习依赖关系挖掘模型。对于知识主题对(t_a,t_b)，该模型以对应知识主题的原始文本描述D_a和D_b作为输入，输出一个衡量主题t_a和t_b之间学习依赖关系的值$\mathcal{V}$：

$$\mathcal{V}=\begin{cases}1, & f(t_a,t_b)\in(\phi,1]\\0, & f(t_a,t_b)\in[0,\phi]\end{cases} \tag{4.7}$$

式中，ϕ为学习依赖关系判断阈值。当$\mathcal{V}=1$时，知识主题t_a与知识主题t_b间存在学习依赖关系，且知识主题t_a先学习；当$\mathcal{V}=0$时，知识主题t_a与知识主题t_b间不存在学习依赖关系。整体来说，该模型可细分为两个模块：①文本中术语及关系抽取模块识别文本描述D中存在的专业术语，并挖掘每条语句中术语间的学习依赖关系；②学习依赖关系判别模块从所识别出的文本描述D中的专业术语中筛选出知识主题的相关术语，并将上一模块所挖掘出每条语句中术语间的学习依赖关系作为衡量学习依赖关系不对称性特点的基础,计算知识主题间的学习依赖关系。4.4.1 和 4.4.2 小节将分别对上述两个模块进行详细介绍。

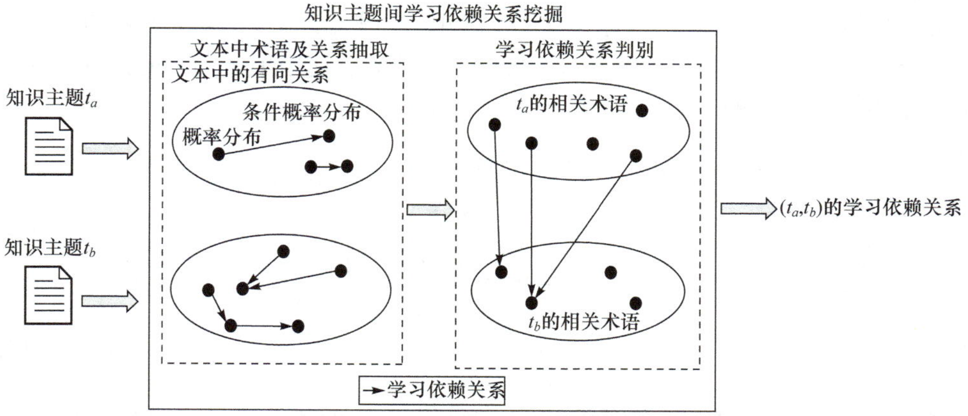

图 4.7　端到端的学习依赖关系挖掘模型框架图

4.4.1　文本中术语及关系抽取

在考虑学习依赖关系不对称性时，需要首先识别文本中与特定知识主题相关的专业术语，并挖掘术语间的语义关系。本节将文本描述中的每一个文本跨距作为候选的专业术语。这里的文本跨距指连续的单词序列，如图 4.8 所示，“红”“红黑”“红黑树”均为语句“红黑树是一种自平衡二叉查找树”中的文本跨距。对于文本描述D，每个文本跨距i可用二元组$(i_{\text{start}}, i_{\text{end}})$定位，即该文本跨距是从文本描述$D$中的第$i_{\text{start}}$个单词开始，到第$i_{\text{end}}$个单词结束。

图 4.8　文本跨距实例

该文本术语及关系抽取模块包含三个部分：跨距词向量、术语评估和关系抽取。其中，跨距表示部分将每个语句中可能的专业术语表示为具有一定语义的跨距词向量；术语评估部分根据跨距词向量的语义表征进一步判定其是否为真正的专业术语；关系抽取部分衡量同一语句中的不同专业术语间是否存在学习依赖关系。

跨距词向量：对于文本描述D中的每个单词x_t，用预训练好的 ELMo 词向量[61]来表征其高层语义。考虑到语句中的上下文信息，本节采用双向长短时记忆网络 Bi-LSTM 对文本描述 D 中的每个语句进行重编码，进一步获得单词 x_t 在当前语境下的词向量 x_t^*。任一文本跨距 i 与其所在语句中的很多其他单词存在语义关联，其中，第一个关联单词称为该文本跨距 i 的语义头单词。文本跨距和其语义头单词之间通常存在学习依赖关系。因此，本节尝试使用 Head-finding 注意力机制[62]以预测文本跨距 i 的语义头单词 $\hat{x}_i$。具体来说：

$$\beta_t = \mathrm{FFNN}_\beta(x_t^*) \tag{4.8}$$

$$\alpha_{i,t} = \frac{\exp(\beta_t)}{\sum_{m=\mathrm{start}(i)}^{\mathrm{end}(i)} \exp(\beta_m)} \tag{4.9}$$

$$\hat{x}_i = \sum_{t=\mathrm{start}(i)}^{\mathrm{end}(i)} \alpha_{i,t} x_t^* \tag{4.10}$$

式中，β_t 为语义头单词的得分；$\alpha_{i,t}$ 为文本跨距 i 的语义头单词的概率分布；$\mathrm{FFNN}_\beta(\cdot)$ 为前馈神经网络。在获得每个文本跨距的上下文表征和语义头单词词向量之后，将它们聚合以获得最终文本跨距 i 的词向量 R_i：

$$R_i = [x_{i_{\mathrm{start}}}^*, x_{i_{\mathrm{end}}}^*, \hat{x}_i] \tag{4.11}$$

术语评估：在对每个文本跨距进行语义表征后，需要准确判断该文本跨距是否是专业术语，以达到识别专业术语间是否存在学习依赖关系的目标。考虑到专业术语的单词数一般不会过长，因此在包含 T 个单词的文本描述 D 中，本节过滤掉长度大于 L 个单词的文本跨距。对于剩余的文本跨距 i，根据式(4.12)估算其是否属于专业术语的得分值 $g(i)$：

$$g(i) = W_m \mathrm{FFNN}_m(R_i) \tag{4.12}$$

式中，W_m 为学习的权重矩阵；$\mathrm{FFNN}_m(\cdot)$ 为前馈神经网络。为使端到端模型更加关注有价值的文本跨距，对术语得分值 $g(i)$ 从高到低进行排序，选取得分高的前 λT 个文本跨距作为专业术语，记作 $Y=\{i: g(i)\geqslant \varepsilon\}$，其中 ε 表示第 λT 个术语得分值。λ 为保留的文本跨距的比例。

关系抽取：给定文本描述中的任一语句，对于该语句中的文本跨距对 (i, j)，当 $i\in Y$ 且 $j\in Y$ 时，文本跨距 i 与 j 都被判定为专业术语。在此基础上，通过计算文本跨距对 (i, j) 的函数值 $r(i, j)$ 来判定它们之间是否存在学习依赖关系，具体如下：

$$r(i,j) = W_r \cdot \mathrm{FFNN}_r\left(\left[R_i, R_j, R_i \odot R_j\right]\right) \tag{4.13}$$

式中，W_r 为权重参数矩阵；$\mathrm{FFNN}_r(\cdot)$ 为前馈神经网络。直观来讲，学习依赖关系只存在于有一定语义关联的专业术语之间，且与某一术语存在学习依赖关系的其他术语数是有限的。因此，在计算学习依赖关系得分 $r(i, j)$ 时，本节考虑了两个专业术语特征向量间的语义相似性 $R_i \odot R_j$（其中，$\odot$ 表示两个向量的点乘操作）。同时，对于语句中任一文本跨距 i，本节最多考虑 K 个在当前语句中与其具有学习依赖关系的专业术语。

4.4.2　学习依赖关系判别

对于知识主题对 (t_a, t_b)，学习依赖关系判别模块首先从文本描述 D 中识别出的专业术语集 Y 中选取出知识主题 t_a、t_b 的相关术语，然后根据其相关术语间的学习依赖关系判断 t_a、t_b 之间是否存在学习依赖。具体过程如下。

知识主题的相关术语选取：使用 4.4.1 小节的方法将知识主题 t_a 表征为知识主题词向量 R_{t_a}。基于相似函数 $s(t_a, i)$ 来衡量知识主题 t_a 与文本中任意专业术语 i 之间的相似性。定义的余弦相似函数 $s(t_a, i)$ 为

$$s(t_a, i) = \frac{R_{t_a} \cdot R_i}{\| R_{t_a} \| \| R_i \|} \tag{4.14}$$

当相似函数 $s(t_a, i)$ 值大于相似阈值 θ 时，认为知识主题 t_a 和专业术语 i 相关。同理，使用相似函数 $s(t_b, i)$ 选取与知识主题 t_b 相关的专业术语。

权重策略：不同的相关术语在计算知识主题间的不对称性时具有不同的作用，因此，使用权重函数衡量不同相关术语在计算知识主题间不对称性的重要性。本节提出以下两种不同的权重策略。

(1) 相同权重(eq)：当术语与知识主题相关时，所有相关术语具有相同的重要性。权重策略 $w(t_a, i)$ 定义为

$$w(t_a, i) = \begin{cases} 0, & s(t_a, i) < \theta \\ 1, & s(t_a, i) \geqslant \theta \end{cases} \tag{4.15}$$

(2) 不同权重(sim)：在衡量知识主题对之间学习依赖关系的不对称性时，给予不同相关术语不同的重要性。术语与知识主题越相似，则该术语对知识主题越重要。使用相似函数 $s(t_a, i)$ 衡量相关术语对知识主题的重要性 $w(t_a, i)$：

$$w(t_a, i) = \begin{cases} 0, & s(t_a, i) < \theta \\ s(t_a, i), & s(t_a, i) \geqslant \theta \end{cases} \tag{4.16}$$

不对称性衡量：知识主题的相关术语集之间的学习依赖关系是不对称的，该模块根据相关术语集之间学习依赖关系指向的差异来衡量主题间的学习依赖关系。本节提出不对称性函数 $f(t_a, t_b)$ 以衡量学习依赖关系指向的不对称性。

$$f_{t_a}=\frac{\sum_{i=1}^{K} r(i,j)\cdot w(t_a,i)\cdot g(i)\cdot w(t_b,j)\cdot g(j)}{\sum_{i=1}^{K} w(t_a,i)\cdot g(i)\cdot w(t_b,j)\cdot g(j)} \tag{4.17}$$

$$f_{t_b}=\frac{\sum_{i=1}^{K} r(i,j)\cdot w(t_b,i)\cdot g(i)\cdot w(t_a,j)\cdot g(j)}{\sum_{i=1}^{K} w(t_b,i)\cdot g(i)\cdot w(t_a,j)\cdot g(j)} \tag{4.18}$$

$$f(t_a,t_b)=f_{t_a}-f_{t_b} \tag{4.19}$$

式中，j 为与文本跨距 i 具有学习依赖关系的文本跨距；f_{t_a} 计算知识主题 t_a 先于知识主题 t_b 学习的概率；f_{t_b} 计算知识主题 t_b 先于知识主题 t_a 学习的概率。不对称性函数 $f(t_a,t_b)$ 衡量是否 t_a 的大多数相关概念是 t_b 的相关概念的先序学习的知识主题，即 t_a 和 t_b 之间是否存在学习依赖关系的不对称性。因此，不对称性函数 $f(t_a,t_b)$ 计算 t_a 和 t_b 之间存在学习依赖关系的概率。

4.4.3　测试验证

本节在 CrowdComp 数据集[54]上进行实验验证上述端到端模型的有效性。CrowdComp 由 Talukdar 和 Cohen 构建，其包含减数分裂、公钥加密、平行假设、牛顿定律和全球变暖五个不同领域的学习依赖关系数据(表 4.1)。在实验中，当验证端到端模型在某一领域的实验效果时，将该领域数据作为测试集，剩余四个领域的数据作为训练集。在该数据集中，每个知识主题都对应一个维基百科页面，主题间的学习依赖关系通过众包的方式标注。具体来说，每对知识主题对 (t_a,t_b) 的学习依赖关系有四种可能：①先学习知识主题 t_a；②先学习知识主题 t_b；③知识主题 t_a 与 t_b 不相关；④知识主题 t_a 与 t_b 间的学习依赖关系未知。每个知识主题对均由 3 个或 5 个不同的人进行标注，然后通过投票的方式决定知识主题对的真实学习依赖关系标签。在实验中，将第①类的标注作为学习依赖关系的正例数据，其他类作为学习依赖关系的负例数据。

表 4.1　CrowdComp 数据集

领域	概念对数量	先序关系对数量
减数分裂	400	67
公钥加密	200	27
平行假设	200	25
牛顿定律	400	44
全球变暖	400	43

本节选取在 CrowdComp 数据集上最具代表性、最有效及最新的三个学习依赖关系抽取方法作为端到端模型效果的对比方法。

(1) MaxEnt[54]方法是第一个在 CrowdComp 数据集上挖掘学习依赖关系的方法。它同时考虑基于图的特征和基于文本的特征，如网页排序(page rank)分值，编辑历史信息、超链接信息和概念的长度等。使用最大熵分类器识别概念对的学习依赖关系。

(2) RefD[56]是一种仅根据引用信息衡量学习依赖关系的方法。引用信息是页面中存在的超链接或者是页面中提及了另一专业术语。RefD 首先根据标题匹配的规则获得知识主题的相关术语。然后，通过衡量知识主题的相关术语集之间引用的差异判断主题之间的学习依赖关系。实验证明，该单一的衡量规则可以简单有效地衡量出概念间的学习依赖关系。

(3) PTBR[55]方法从文本资源中抽取全面的特征以识别学习依赖关系。它从维基百科的三个层次(文本、超链接、目录)分别提取特征，如文本中概念出现的次数、概念间存在超链接的数量、概念间是否存在目录层级关系等。并根据所提出的特征训练分类器有效识别出概念间的学习依赖关系。

如表 4.2 所示为端到端模型与对比方法在 CrowdComp 数据集上的实验结果，在大多数情况下，本节所提出的端到端模型在五个领域上均能达到最优性能，详细分析如下。

表 4.2 端到端模型与对比方法在 CrowdComp 数据集上的实验结果(准确率) (单位：%)

领域	MaxEnt	RefD	PTBR	端到端模型	
				eq	sim
减数分裂	51.0	55.7	79.0	65.7	79.4
公钥加密	67.1	57.7	58.0	72.4	65.3
平行假设	64.7	67.9	85.0	51.7	76.2
牛顿定律	53.9	64.6	68.0	45.5	84.0
全球变暖	56.8	60.1	82.0	33.5	83.0
平均	58.7	61.2	74.4	53.8	77.6

使用 sim 权重策略的端到端模型准确率在平均性能上较使用 eq 权重策略的端到端模型提高了 23.8%。在衡量相关术语集之间学习依赖关系的不对称性时，eq 的权重策略赋予每个相关术语相同的权重。然而，不同的相关术语对知识主题的贡献程度不同。当赋予弱相关的相关术语与紧密联系的相关术语相同的权重时，会导致最终学习依赖关系结果产生偏差。sim 的权重策略则赋予不同相关术语不同的权重，使得紧密联系的相关术语在判断学习依赖关系结果时产生较大的影响。

因此，sim 的权重策略使得端到端模型更关注可体现知识主题间学习依赖关系的术语之间的关系，其有助于端到端模型更加准确地计算各术语间关系对衡量学习依赖关系不对称性的重要性，进而使得端到端模型取得更优的性能。

显然，所提出的基于 sim 权重策略的端到端模型性能优于对比方法 RefD。端到端模型与 RefD 方法都考虑了知识主题的相关术语集间互相引用的差异，并根据此差异来进一步预测主题间的学习依赖关系。端到端模型和 RefD 性能的差异主要由以下两个原因引起。

（1）RefD 使用如超链接等引用作为计算知识主题间学习依赖差异的依据，而端到端模型使用从文本中挖掘的相关术语间有向的关系作为判断知识主题间学习依赖关系的依据。超链接等引用不能反映知识主题间的学习依赖关系，而仅能体现知识主题间存在某种联系。例如，在知识主题“条件概率”的维基百科页面上存在指向知识主题“联合条件概率”的超链接，同时，在知识主题“联合条件概率”的维基百科页面上存在指向知识主题“条件概率”的超链接。由于知识主题之间存在指向彼此的超链接，不能根据超链接来判断知识主题间的学习依赖关系。除此之外，若根据超链接判断知识主题之间的关系，则在“联合条件概率”的维基百科页面上存在的指向“条件概率”的超链接将会导致错误学习依赖关系，即认为“联合条件概率”和“条件概率”之间的学习依赖关系为“联合条件概率”先学习，而事实上两者之间的学习依赖关系为“条件概率”先于“联合条件概率”学习。因此，超链接不能作为判断知识主题间学习依赖关系的依据，甚至可能导致错误判断学习依赖关系。端到端模型使用文本中专业术语之间有向的关系作为判断知识主题间学习依赖关系不对称性的有力证据，正确反映了知识主题间的不对称性。因此，端到端模型挖掘的文本中术语间有向关系有力地支撑了对知识主题间学习依赖关系不对称性的计算。

（2）RefD 使用流线型的方式挖掘学习依赖关系。其将知识主题相关术语的确定以及相关术语集之间引用的差异视为两个独立的模块。RefD 直接确定知识主题的相关术语并且不在后序计算过程中对相关术语进行优化，即错误识别的相关术语不会被改正，该方法造成错误的累积。端到端模型将整个学习依赖关系挖掘过程视为一个整体，且模型可根据最终预测出的学习依赖关系与真实依赖关系标签之间的偏差调整对文本中术语的检测以及术语间有向关系的正确性，即端到端模型不断地迭代学习，使得端到端模型可更准确地识别文本中的术语及术语间的有向关系，并为计算学习依赖关系的不对称性提供了有力的证据。因此，端到端模型效果优于 RefD。

本节所提的基于 sim 权重策略的端到端模型效果优于 MaxEnt 和 PTBR。MaxEnt 和 PTBR 均考虑大量从结构化信息中提取的与学习依赖关系直接相关的特征以预测学习依赖关系。结构化信息在不同的学习资源中是不易获得的。然而，本节所提的端到端模型仅需要知识主题的文本信息作为输入，使得端到端模型被广泛地应用到更多的领域中。表 4.2 中可发现，PTBR 方法在平行假设领域的性能高于端到端模型。对平行假设领域的数据集进行分析，该领域在维基百科上存在丰富的结构化信息，而 PTBR 方法基于从维基百科中提取的综合特征，使得 PTBR 获得了全面的信息并表现出好的性能。虽然端到端模型在该领域的性能较 PTBR 稍差，但是在平均性能上优于 PTBR 方法。PTBR 方法中的特征是由领域专家一次性构建，该过程耗时且领域通用性差。端到端模型并不使用人工提取的特征，其获得了更优异的性能。

4.5　小　　结

本章首先发现并定量研究了学习依赖关系的局部性以及知识主题文本中术语分布的非对称性，这是学习依赖关系抽取的依据；其次结合拓扑与文本特征，给出了一种“文本关联挖掘-候选知识主题对生成-学习依赖关系判别”三阶段的学习依赖关系挖掘方法；最后针对错误累计与泛化性问题，提出一种端到端的学习依赖关系挖掘方法，能够以文本作为输入，自动学习主题的特征并实现关系抽取模型参数的整体优化。

第 5 章　知识碎片向分面树的映射

知识碎片以自然语言文本，图像(自然图像、示意图等)等不同形式存在，本章主要给出文本及图像碎片知识与主题分面树的映射。对于文本知识碎片，提出一种文本分割与分面映射相结合的多任务联合学习模型；对于图像知识碎片，提出一种基于小样本学习的图像与主题映射方法。知识碎片和主题分面树映射后，形成实例化的主题分面树，以图文并茂的知识表达形式为学习者提供更加全面的主题内容，能够极大地提高学习者的学习效率。

5.1　文本知识碎片的映射

5.1.1　问题与挑战

近年来随着网络的发展，文本描述更加复杂多样，一个文本可能讨论多个主题或者同一主题的多个分面。一个分面描述的是知识领域特定主题的某一重要方面，如定义、属性和应用。文本分割有益于知识碎片的理解，主要体现在以下两方面：①分割之后得到了与单个分面相关的段落，使得文本阅读起来更简洁明了。例如，在信息检索任务中，文本分割通过缩小结果的范围更直接地提升内容检索的准确性。②主题的分面可以对文本知识碎片进行有效的导航与组织。主题“二叉树”下文本知识碎片基于(主题-分面)组织模式如图 5.1 所示。知识森林将一个文本知识碎片组织成<主题，分面，文本知识碎片>形式的三元组，如<二叉树，定义，二叉树是在任何分枝点上不超过两个分枝的树>。用户可以通过分面实现学习导航，减少了总体信息搜寻的不确定性，也消除了找不到结果的挫折感。

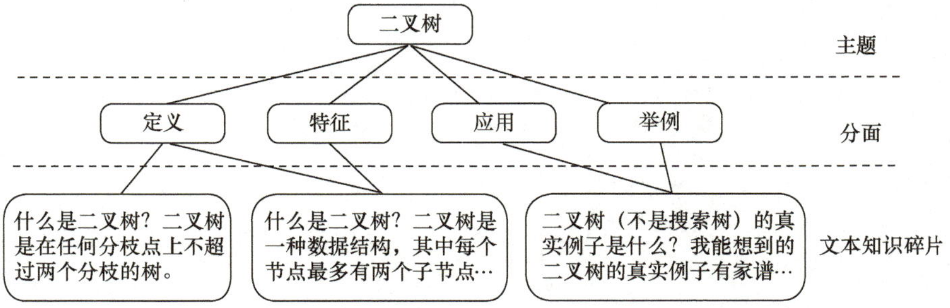

图 5.1　主题“二叉树”下文本知识碎片基于(主题-分面)组织模式

本节将介绍文本分割与分面映射的联合学习方法。该联合学习方法是对每个文档进行文本分割，并对文档中每个文本段分配一个或多个分面标签，称为分面文本分割。实现分面文本分割联合学习目标面临以下两个关键挑战：①分面文本分割与大多数文本分割任务之间的主要区别在于，前者需要为每个段落提供一个分面标签。段落的分面标签通常由分面映射或标注生成，而这些标签通常需要耗时的手动标注，导致分面文本分割模型的可伸缩性差。②在自然语言处理领域中，文本分割和分面标注通常是以流水线方式执行并具有单独训练集的单独任务，忽略了这两个子任务之间的依赖性。一方面，现有的流水线方法导致从前一个子任务到后一个子任务的错误累积；另一方面，后一个子任务的信息不能反馈到前一个子任务进行纠错。

为了解决上述两个挑战，本章考虑文本分割和分面映射两个任务之间的相关性，提出一种文本分割和分面映射的多任务联合学习模型。基本思路是通过使用来自文本映射的分面信息在一个描述同一主题多个分面的文本上自动识别具有分面意义的段落。

5.1.2　国内外相关研究

本小节介绍文本分割、分面映射和多任务学习的历史发展和现状，对当前相关领域的主流方法进行简要介绍。

1. 文本分割

文本分割指的是一个书面文档或者语音序列中自动识别具有独立意义的单元(段落)之间的边界，其分割对象可以是语音流、网络动态数据或者书面静态文本[63]。近几年，自动文本分割在自然处理和信息检索任务中发挥重要作用，受到广泛关注。文本分割的方法主要分为三类：基于语篇结构、基于概率统计和基于图的方法。

文本分割的思想最早来源于对文本语篇结构的建模研究。基于语篇结构的文本分割方法通过计算相同或相似词汇的聚集程度来判断语义段落的边界，或者基于特定的语言特征，如提示短语、停顿标记、句法和词汇的形态变化等与主题段落首尾的关系来确定语义段落边界[64]。20 世纪 90 年代，国外学者开始研究文本分割技术，大部分是将文本的语篇结构运用到其中。例如，词语内聚性(lexical cohesion profile, LCP)[65]这种语篇结构指标用于定位段落边界，它特指文本段落是通过词语的相似关系将各个词语连接在一起所形成的。Roget 综合词典来识别词语的同义或内聚关系，将句子中的共现词构成词汇链，并根据大量的词汇链确定文档的分割位置[66]。TextTiling 方法[67]利用词语共现来计算两个相邻句子的相似度值，将相似度值低于设定阈值的句子间设为分割位置。此外，基于特征的记叙文分割方法[68]结合记叙文本身属性以及命名实体链等学习到的特征给出候选分割点，将其输入到分类器中计算候选分割点属于段落边界的概率。

基于概率统计的文本分割方法主要是指通过建立概率统计模型来识别两个句子是否讨论同一主题，包括隐马尔可夫模型（hidden Markov model, HMM）[69]、概率潜在语义分析（probabilistic latent semantic analysis, PLSA）[70]和 LDA[47]等方法。早期 HMM 被广泛用于文本分割中，主要是对序列数据进行概率建模。HMM 将文档视为由潜在主题变量按时间序列生成的相互独立的单词集或者句子集，利用单词或者句子之间的隐藏状态转移来判断文本段落边界[71]。PLSA 学习切割单元的潜在表示，并根据潜在表示向量的相似性对文档进行内容分割[72]。此外，出现了引入基于 LDA 的 Fisher 核来计算词的语义相似度，并采用动态编程来实现全局最佳文本分割的方法[73]。同样还有基于 LDA 模型提出的识别文档中主题变化的 TopicTiling 方法[74]，实验结果表明，其分割效果优于其他分割方法。

基于图的文本分割方法是将文本表示成图结构，并利用图结构对文本进行分割。Dotplotting 方法[66]利用点阵图来反映文本不同部分词语重复出现的情况，通过在词重复的位置绘制点来生成点图，点图中的区域密度反映了整篇文档中词语的分布情况，点图中密度大的区域为一个语义段落，对角线外部区域密度最小的点则为语义边界。Malioutov 等[75]提出将文本切割建模为图形分区任务，旨在同时优化每个分段内成对句子相似度以及各个分段之间的相异度。无监督算法 GraphSeg[76]利用词嵌入技术扩展了语义相关性的度量以构建文档的语义相关性图，然后通过语义关联图的最大派系确定文本分割结果。

此外，近年来随着深度学习的发展，神经网络逐渐用于文本分割任务。例如，端到端 SegBot 模型[77]使用双向递归神经网络对输入文本序列进行编码，然后使用另一个递归神经网络以及一个指针网络来选择输入序列中的文本边界。该方法也在多个评测指标上优于其他现有文本分割方法。

基于语篇结构的方法运用了词汇的重复信息等语篇结构，但是很少考虑文本的语义关系；基于概率统计的方法和基于图的方法可以识别每个段落的概率主题，然而，概率主题是基于每个文档中单词统计的相似单词簇，这意味着这些单词会定期出现在文档中。分面是知识领域中特定主题的重要方面，而分面标签很少出现在文档中。因此，这些方法无法在知识领域的文本分割上取得很好的效果。

2. 分面映射

知识森林是面向在线学习的知识图谱，分面映射本质上是在课程领域开展的文本分类工作。文本分类是指在预先给定的类别标记下，根据文本内容判定它的类别[78]。按实现方式，通用的文本分类方法可分为规则匹配和机器学习两类。

直到 19 世纪 90 年代，在计算机科学技术兴起之前，文本分类主要依靠执行领域专家人工定义的规则。例如，对于一段描述体育运动的文本，通过检测文本中“射门”“守门员”等关键词，将其分类至“足球”；而如果检测到“三分球”“篮板”等关键词，则会分类到“篮球”。人工定义的规则在特定领域中，依靠各类别具有各自特定关键词的性质，分类表现较好。但这种方法有以下三个缺点：①人工工作量较大、速度较慢，按规则分类的质量与专家定义的规则直接相关，不同专家给出的规则往往不尽相同；②一旦初始的类别定义不够完善，后期增删类别的代价较高；③分类规则不具有泛化能力，数据集一旦发生变化，原有的分类规则就需要重新制定。

计算机科学技术兴起之后，逐步出现了基于传统机器学习的文本分类算法。Lewis 等[79]提出了一种基于贝叶斯定理和特征条件独立假设的分类器。Joachims 等[80]提出基于 SVM 的文本分类算法，根据有限样本提供的信息构造用于分类的超平面，最大限度地区分不同类别的训练样本。同样，Zhang 等[81]将 SVM 分类算法与词袋模型相结合，该方法在短问题分类上性能良好。随着计算机性能的提升，基于深度学习的文本分类算法在近年来表现出更加优异的分类效果，在许多文本分类场景下的表现要优于传统机器学习文本分类算法。例如，Kim[82]提出文本卷积神经网络（text convolutional neural network，TextCNN）算法，将文本表示使用卷积神经网络（convolutional neural network，CNN）进行降维、卷积、最大池化、完全连接层和 Softmax 操作，使文本的特征映射到之前定义好的标签上，从而完成分类。C-LSTM [83]方法采用 CNN 提取高级短语的序列表征，并将该表征输入到一个 LSTM 网络获取句子表示。Joulin 等[84]提出了 fastText 模型，其结构类似于 Word2Vec 的连续词袋模型，在输入层中加入 N-Gram 特征，将输出层换成类别标签，并使用层次 Softmax，具有非常快的训练和分类速度。Yao 等[85]基于单词共现和文档单词关系，将语料初始化为单词和文档的独热表示，然后联合学习单词和文档的嵌入，为语料库构建单个文本图，在语料库上训练文本图卷积神经网络用于文本分类，具有较强的鲁棒性。

知识森林分面映射的对象是知识领域的碎片化文本。与通用文本分类相比，知识领域的碎片化文本具有海量主题，同时具有分面异质性和主题关键词稀疏的特性，现有的通用文本分类算法不能很好地应对分面映射任务。为了获得更好的分面映射结果，需要对特定领域文本分类工作进行研究。现有的一些特定领域文本分类工作大致分为三种：基于领域词语、基于领域知识和基于因果关系。

首先介绍基于领域词语的方法。例如，Ning 等[86]提出使用领域词语本体的方式改进传统文本分类算法，通过对领域内的高频词汇进行抽取，使用外部知识源进行高频词扩充构建领域词语本体，从而改进在特定领域内的文本分类效果。该算法依赖领域术语，不适用于主题关键词低频的知识森林场景。Cho 等[87]提出使用基于情感的词汇结合支持向量机算法进行社交领域文本分类，用来解决用户在社交网站动态口语化对分类造成的干扰，从而实现较好的情感分类效果。该算法更适用于文本的情感分类，而在课程领域下表现不佳。

在基于领域知识的方法中，Garla 等[88]提出使用统一医学语言系统中编码的生物医学领域知识改进临床领域文本分类，通过统一医学语言系统的分类结构和语义相似性度量改进机器学习分类结果。该算法需要结构化的领域知识作为前提，不符合碎片化知识聚合的场景。Feng 等[89]提出建立较长领域文档的语料库，提供每个领域的知识，在此基础上通过计算待分类文本与领域知识的重合度和相关性完成特定领域分类。该算法需要较长的领域文档，而知识森林旨在组织碎片化知识，因此不适用。马建刚等[90]提出一种基于知识块摘要和词转移距离的高效司法文档分类，对司法文书构建领域知识本体模型，进而利用词转移距离和 K 最近邻算法进行分类。该算法需要结构化领域知识，同样不适用于知识森林。

基于因果关系的研究方法比较少。例如，Li 等[91]提出构建包含触发情感对应事件的文本语料库，并基于此语料库训练分类器，从而实现文本情感的分类。该算法对于存在因果关系的文本分类任务有较好的表现，但知识森林中不存在这种关系。

经过对相关研究的分析，发现已有的特定领域文本分类算法研究不具有通用性。课程领域文本具有主题关键词低频、类别较多的特点，以上三类特定领域文本分类算法，难以直接应用在课程领域文本中，需要另行提出算法解决。

3. 多任务学习

多任务学习（multi-task learning）是归纳传输的一种方法，它通过权衡主任务与辅助的相关任务中的共享信息提升模型的泛化性与表现。多任务学习方法使用共享表示学习多个任务，其本质在于从一个任务中学到的知识可以帮助学习其他任务，形式化定义如下。

定义 5.1　多任务学习。给定 m 个学习任务 $\{T_i\}_{i=1}^{m}$，其中所有的任务都是两两相关但不相同的，多任务学习旨在利用 m 个学习任务中的知识来提高针对 T_i 任务的模型学习效果[92]。

多任务学习方法被广泛应用于多种场景，如文本推荐[93]、文本分类[94]、图像分类[95]等。深度神经网络中的多任务学习能有效地规范模型并减少对标记数据的需求，主流的深度神经网络多任务学习方法主要分为两类，分别是软参数共享和硬参数共享的多任务学习方法。

软参数共享的方法中，每个任务都有自己的参数，通过对不同任务的参数之间的差异加约束，表达相似性。Duong 等[96]提出了一种依赖解析框架，该框架具有在源语言和目标语言之间通过 L2 正则化进行软参数共享的功能。Misra 等[97]提出两个独立的模型架构，然后使用交叉单元允许模型通过学习先前各层输出的线性组合，来确定特定任务的网络以何种方式利用其他任务的知识。Guo 等[98]提出了一种基于软参数共享机制的多任务体系结构，在三个任务的多个编码器和解码器层之间具有高层(语义)特定于层的共享。软参数共享的方法可以有效地提高模型效果，但是每个任务都有自己的参数，使得整体模型参数量比较大，计算复杂。

硬参数共享的方法通过在所有任务之间共享隐藏层，同时保留几个特定任务的输出层来实现[99]。硬参数共享是深度学习中非常常用的多任务学习机制，其被广泛应用于自然语言处理领域[100]。例如，通过利用不同的句法和语义注释的语料库以及更容易获得的数据(如超链接)，使用硬参数共享方式来改进无地名词典的关键短语边界分类模型[101]。Long 等[102]提出了一种基于新型张量正态先验的多线性关系网络，以学习可转移特征和任务关系，从而缓解特征层负转移和分类器层欠转移的问题，取得了不错的效果。Sener 等[103]基于硬参数共享的多任务学习，明确地将多任务学习视为多目标优化，提出多目标损失上限，使用基于梯度的多目标优化算法。该算法对于各种多任务深度学习问题，包括数字分类，场景理解(联合语义分割、实例分割和深度估计)以及多标签分类可获得很好的性能。硬参数共享的方法显著降低了过拟合的风险，同时减少了多任务整体模型的参数数量[104]。直观上，这类方法所需模型也比较容易实现。但是当任务之间相关性较弱时，这类方法可能会产生负向效果。

文本分割和分面映射通常作为单独的自然语言处理任务提出解决方法，但它们都是文本处理的重要组成部分，并且有相同的文本输入空间。直观来说，分面映射与文本分割是相互作用、相互促进的。当要学习的子任务之间存在关系，同时学习所有子任务而不是遵循传统的流水线方法(每个子任务独立学习)是有效的。具有公共参数的多任务学习有助于学习更鲁棒的特征表示，并将该特征同时应用在文本分割和分面映射任务中。因此，设计基于硬参数共享的多任务学习网络体系结构，共享输入层表示，以同时学习文本分割和分面映射使得文本分割的结果可以作用于分面映射，而分面映射的结果可以反向调整文本分割结果。

5.1.3　文本分割与分面映射联合学习模型

本小节首先给出文本分割与分面映射联合学习任务的定义与形式化表示，在此基础上结合文本分割任务与分面映射任务所存在的问题，建立分面文本分割模型。

分面文本分割指的是文本分割与分面映射的联合学习，旨在将描述知识森林某一主题多分面的文档分割成分面粒度的知识段落，并将分面树中的分面与文本段落建立映射关系，其形式化定义如下。

设给定描述知识主题知识文档集合为 $D=\{d_1,d_2,\cdots,d_i,\cdots,d_n\}$ ，其中

$d_i=(s_1^i,s_2^i,\cdots,s_j^i,\cdots,s_m^i)$ 表示第 i 个文档，s_j^i 则表示第 i 个文档中的第 j 个句子。$F=\{f_1,f_2,\cdots,f_u,\cdots,f_p\}$ 表示给定的候选分面集合。分面文本分割任务可以建模为文本分割和分面映射两个相关任务的多任务学习模型。

(1) 文本分割：将知识文档 $d_i\in D$ 切分成 $q(q\leqslant p)$ 个由句子组成的段落，$d_i\to d_i'=(\mathrm{sg}_1^i,\mathrm{sg}_2^i,\cdots,\mathrm{sg}_k^i,\cdots,\mathrm{sg}_q^i),\mathrm{sg}_k^i=(s_{b_{k-1}+1}^i,s_{b_{k-1}+2}^i,\cdots,s_{b_k}^i)$，其中 b_k 表示第 k 个边界的句子的索引。

(2) 分面映射：基于文本分割的结果，对获得的文本段落 sg_k^i 给定分面标签 $z_k^i\in F$。设文本分割的结果为 $D\to D'$，D' 为分割后碎片化知识集合。分面映射的输出是三元组 (F,D',M)，其中 $M\subseteq F\times D'$ 表示分面集合 F 与碎片化知识集合 D' 之间的映射关系。

基于以上的定义，提出多任务分面文本分割(facet text segmentation，FTS)模型[105]。如图 5.2 所示，该模型主要包含三个模块：共享特征表示模块、文本分割模块和分面映射模块。利用多任务学习机制在同一优化模型中同时训练文本分割和分面映射；在训练过程中，通过文本分割和分面映射结果共同调整共享特征表示模块参数。

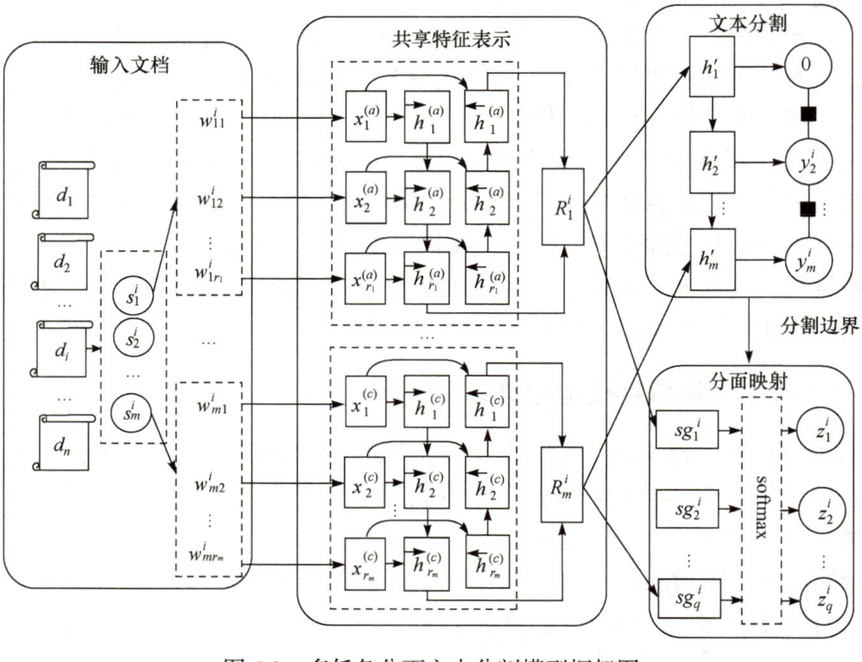

图 5.2　多任务分面文本分割模型框架图

(1) 共享特征表示模块。该模块以 $d_i=(s_1^i,s_2^i,\cdots,s_j^i,\cdots,s_m^i)$ 作为输入，使用 Bi-

LSTM 获取句子 s_j^i 的特征向量 R_j^i。LSTM 将当前的输入和历史的隐藏层状态保存在记忆单元中，并通过三个门单元控制输入、输出和信息遗忘来有效地刻画语义的长距离依赖，而且 Bi-LSTM 具有前向和后向两个 LSTM 隐藏层，这两个隐藏层都连接到同一个输出层，为输出层中的每一个时刻提供历史和未来两个方向的上下文信息，可以有效地对句子进行特征表示。具体公式如下所示：

$$\vec{h}_t = H(W_{x\vec{h}}x_t + W_{\vec{h}\vec{h}}\vec{h}_{t-1} + b_{\vec{h}}) \tag{5.1}$$

$$\begin{gathered} \vec{h}_t = H(W_{x\vec{h}}x_t + W_{\vec{h}\vec{h}}\vec{h}_{t-1} + b_{\vec{h}})\vec{h}_t = H(W_{x\vec{h}}x_t + W_{\vec{h}\vec{h}}\vec{h}_{t-1} + b_{\vec{h}}) \\ \overleftarrow{h}_t = H(W_{x\overleftarrow{h}}x_t + W_{\overleftarrow{h}\overleftarrow{h}}\overleftarrow{h}_{t-1} + b_{\overleftarrow{h}})\overleftarrow{h}_t = H(W_{x\overleftarrow{h}}x_t + W_{\overleftarrow{h}\overleftarrow{h}}\overleftarrow{h}_{t+1} + b_{\overleftarrow{h}}) \\ \overleftarrow{h}_t = H(W_{x\overleftarrow{h}}x_t + W_{\overleftarrow{h}\overleftarrow{h}}\overleftarrow{h}_{t+1} + b_{\overleftarrow{h}}) \end{gathered} \tag{5.2}$$

式中，x_t 表示句子 s_j^i 的第 t 个单词向量[①]；$\vec{h}_t$ 表示第 t 位置的前向隐藏层向量；$\overleftarrow{h}_t$ 表示第 t 位置的后向隐藏层向量；$W_{x\vec{h}}$ 表示前向输入层-隐藏层的权重矩阵；$W_{\vec{h}\vec{h}}$ 表示前向隐藏层-隐藏层的权重矩阵；$b_{\vec{h}}$ 表示前向隐藏层偏置参数；$W_{x\overleftarrow{h}}$ 表示后向输入层-隐藏层的权重矩阵；$W_{\overleftarrow{h}\overleftarrow{h}}$ 表示后向隐藏层-隐藏层的权重矩阵；$b_{\overleftarrow{h}}$ 表示后向隐藏层偏置参数；H 表示隐藏层层数，一般为 Sigmoid 函数。

联结前向隐藏层的最后输出 $\vec{h}_t$ 和后向隐藏层的最后输出 $\overleftarrow{h}_t$ 作为句子 s_j^i 的特征向量，如下所示：

$$R_j^i = [\vec{h}_{t,} \parallel \overleftarrow{h}_t] \tag{5.3}$$

式中，符号||是对向量进行直接串联的联结操作。

该模块是文本分割任务和分面映射任务的共享模块，为这两个任务提供文本表示。

(2) 文本分割模块。在该模块中，将文本分割任务转换成以句子为单位的序列标注任务。如图 5.3 中给出的例子所示，以句子 s_j^i 文本表示 R_j^i 为输入，当句子标签为 0 时，表示当前句子与其前一句子属于同一段落；当句子标签为 1 时，则相反。在这种情况下，当前句子的布尔标签与其前一句子有关，因此采用前向 LSTM 来有效利用时序特征。同时，更值得关注的是句子在整个文档中的作用，因此采用条件随机场(conditional random fields，CRF)来有效利用丰富的文档内部信息以及句子的上下文特征信息对句子进行标注。引入转移分数矩阵 A，对于给定的句子特征向量矩阵 $\boldsymbol{R}_i = (R_1^i, R_2^i, \cdots, R_j^i, \cdots, R_m^i)$，以及对应的句子布尔标签 $\boldsymbol{Y}_i = (y_1^i, y_2^i, \cdots, y_j^i, \cdots, y_m^i)$，在此基础上，整个序列的打分等于各个位置的打分之

① 在这项任务中，使用 Word2Vec 在 12.2G 英文维基百科 2015 语料上预训练出来的词向量，实际上词向量可以通过其他现有工具获得，如 Glove、Bert 等；或者当本身训练任务的语料库足够大，可以在模型中直接训练词向量，而不采用预训练好的词向量。

和，各个位置的打分由两部分组成，一部分是由 LSTM 的输出 P 决定，另一部分则是由 CRF 的转移分数矩阵 A 决定。分数公式如下：

$$s\left(\boldsymbol{R}_i,\boldsymbol{Y}_i\right)=\sum_{j=1}^{m}\left(A_{y_j^i,y_{j+1}^i}+P_{ij,y_j^i}\right) \tag{5.4}$$

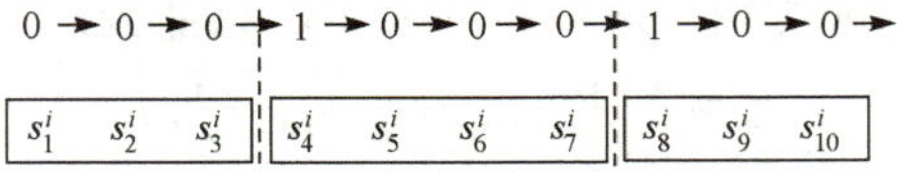

图 5.3　文本分割示例图

最终，通过 LSTM-CRF[100]得到以句子为单位的文档布尔标签序列，可以识别文本边界，进而将其分割成段落。

(3)分面映射模块。首先，利用共享文本表示模块得到的句子特征向量以及文本分割获得的段落边界，将属于同一段落 sg_k^i 的句子 $\{s_j^i \mid b_{k-1}+1 \leqslant j \leqslant b_k\}$ 的特征向量 $\{R_j^i \mid b_{k-1}+1 \leqslant j \leqslant b_k\}$ 首尾相连得到段落特征向量 V_k^i，然后采用式(5.5)和式(5.6)的 Softmax 完成分面标签给定：

$$\vec{p}_k^{\,i}=\mathrm{Softmax}(W_s V_k^i+b_s) \tag{5.5}$$

$$z_k^i=\underset{f_u\in F}{\arg\max}[\vec{p}_k^{\,i},u] \tag{5.6}$$

式中，W_s 和 b_s 为 Softmax 层的参数；$\vec{p}_k^{\,i}$ 为段落 sg_k^i 的候选分面标签的概率向量；u 为概率向量 $\vec{p}_k^{\,i}$ 中最大元素的索引；$z_k^i \in F$ 为最终输出的分面标签。

(4)多任务学习。在训练过程中，通过多任务学习机制，对文本分割与分面映射两项任务同时进行模型训练，目标损失函数 $\mathcal{L}$ 定义如下：

$$\mathcal{L}=\lambda_1\mathcal{L}_1+\lambda_2\mathcal{L}_2+\frac{\lambda_3}{2}\|\theta_2\|_2^2 \tag{5.7}$$

式中，$\mathcal{L}_1$ 为采用式(5.8)计算的文本分割损失函数；$\mathcal{L}_2$ 为采用式(5.9)计算的分面映射损失函数，其中 $p_{z_k^i}^i$ 为段落 sg_k^i 预测标签为 z_k^i 的概率值；λ_1、λ_2、λ_3 为模型训练超参数；θ_2 为多任务学习模型的所有参数。

$$\mathcal{L}_1=\frac{1}{n}\sum_{i=1}^{n}\max\left(0,|s(\boldsymbol{R}_i,\boldsymbol{Y}_i)|+\Delta(\hat{\boldsymbol{Y}}_i,\boldsymbol{Y}_i)-|s(\boldsymbol{R}_i,\boldsymbol{Y}_i)|\right) \tag{5.8}$$

$$\mathcal{L}_2=\sum_{d_i\in D}\sum_{k=1}^{m_k}\log_2 p_{z_k^i}^i \tag{5.9}$$

在 $\mathcal{L}_1$ 损失中，$\Delta(\hat{\boldsymbol{Y}}_i,\boldsymbol{Y}_i)$ 的计算如下：

$$\varDelta(\hat{\boldsymbol{Y}}_i,\boldsymbol{Y}_i)=\sum_{j=1}^{m}\eta\boldsymbol{I}\left(\hat{y}_j^i\neq y_j^i\right) \tag{5.10}$$

式中，$\boldsymbol{I}$ 为指示函数，由式(5.11)计算；$\hat{\boldsymbol{Y}}_i=\left(\hat{y}_1^i,\hat{y}_2^i,\cdots,\hat{y}_j^i,\cdots,\hat{y}_m^i\right)$ 为预测的标签序列，相对应的 $\boldsymbol{Y}_i$ 为真实标签序列；η 为折扣参数。

$$\boldsymbol{I}\left(\hat{y}_j^i\neq y_j^i\right)=\begin{cases}1, & \hat{y}_j^i\neq y_j^i\\0, & \hat{y}_j^i=y_j^i\end{cases} \tag{5.11}$$

整体来说，文本分割与分面映射联合学习模型训练过程如算法 5.1 所示。

算法 5.1　文本分割与分面映射联合学习

输入：知识主题知识文档集合 $D=\{d_1,d_2,\cdots,d_i,\cdots,d_n\}$

输出：句子布尔标签 $Y_i=(y_1^i,y_2^i,\cdots,y_j^i,\cdots,y_m^i)$ 和分面标签 $Z_k^i\in F$，其中 $F=\{f_1,f_2,\cdots,f_u,\cdots,f_p\}$ 为给定的候选分面集合

```
//判断模型是否收敛
while the model does not converge
   //输入训练样本
   for each epoch do
      //将训练样本分为若干个 batch
      for each batch do
         // 进行正向传播
         // 执行共享特征表示模块
         式(5.1)～式(5.3)
         // 执行文本分割模块
         式(5.4)
         // 执行分面映射模块
         式(5.5)、式(5.6)
         // 进行反向传播，更新各个模块参数
         式(5.7)计算损失
         更新 Softmax 层参数
         更新 LSTM-CRF 网络参数
         更新 Bi-LSTM 网络参数
      end for
   end for
end while
```

5.1.4 测试验证

在数据结构、数据挖掘、计算机网络上分别进行了方法的有效性验证，数据集的统计情况见表 5.1。

表 5.1 数据集的统计情况

数据集	文档数量	段落平均句子数量(pas)	w^*
数据结构	48636	9	5
数据挖掘	23688	15	8
计算机网络	21168	12	6

$*w=\left\lceil \frac{\text{pas}}{2} \right\rceil$ 决定评测指标中的窗口大小[74]。

在文本分割任务中，采用式(5.12)计算的 P_k 值与式(5.13)计算的 WD (WindowDiff) 值来作为评测指标，P_k 值和 WD 值越低表示文本分割结果越好；在分面映射任务中，采用 Macro_F1(下文中统一简称为 $F1$)作为评测指标，值越高则表示分面映射结果越好。

$$P_k = P(\text{seg})P(\text{miss}) + (1 - P(\text{seg})P(\text{false alarm})) \tag{5.12}$$

$$\text{WD}(r,h) = \frac{1}{m-k}\sum_{i=1}^{m-k}\left(\mid b(r_i, r_{i+k}) - b(h_i - h_{i+k}) \mid > 0\right) \tag{5.13}$$

具体来说，在文档中随机选择相隔 k 个句子的两个句子（k 通常设置为段落平均句子数量的一半 $\left\lceil \frac{\text{pas}}{2} \right\rceil$），$P_k$ 指标表示它们属于同一段落或者分属不同段落的概率。式(5.12)中，$P(\text{seg})$ 表示距离为 k 的两个句子属于不同段落的先验概率；$P(\text{miss})$ 表示两个句子实际属于不同段落，但预测属于同一段落的概率；$P(\text{false alarm})$ 表示两个句子实际属于同一段落，但预测属于不同段落的概率。WD 指标比 P_k 指标更为严格，直接反映模型的边界识别能力。式(5.13)中，$b(\cdot)$ 表示两个参数索引位置之间的边界数量；r 表示实际边界的参数索引位置；h 表示预测边界的参数索引位置；m 表示文档的句子数量。

在实验过程中，使用了通过 Word2Vec 在维基百科 12.2G 的文本语料库上预训练的 50 维词向量。在每个迭代中将整个训练数据分为几批，一次处理一批。每个批次都包含由参数批大小确定的文档数量。图 5.4 显示了不同批大小对应的 WD 结果，表明模型在小批量的情况下表现更好。批大小过小会导致结果难以收敛，或者需要很多次的迭代；批大小过大会使目标函数趋于收敛到极小的最小值(类似于局部最小值)，但会导致泛化性能降低[106]。基于图 5.4 的结果以及考虑到内存负荷，将批大小设置为 100。

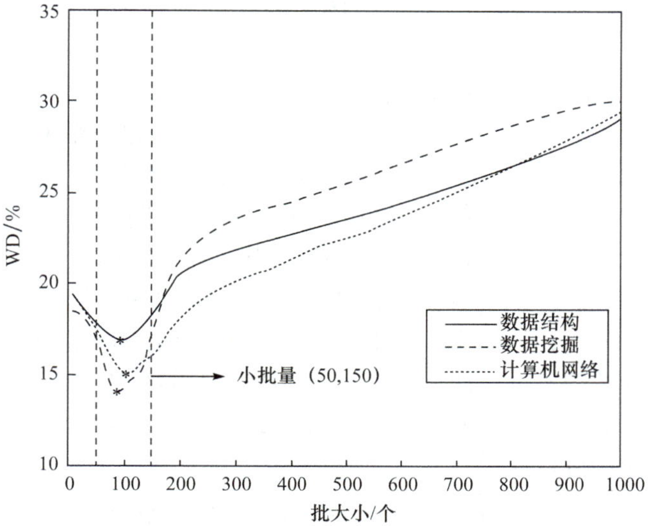

图 5.4　不同批大小对应的 WD 结果

为了验证 FTS 模型的效果，分别在文本分割和分面映射任务上进行了实验。文本分割任务上对比实验的结果如表 5.2 所示。这里采用了三个现有的文本分割方法进行对比：①基于 PLSA 的文本分割方法。Brants 等[72]利用 PLSA 得出切割单元的潜在表示，并根据切割单元的潜在表示向量的相似性对文档进行了分割。②基于 LDA 的文本分割方法。Riedl 等[74]基于 LDA 模型提出了 TopicTiling 方法来识别文档中的主题变化。其中 LDA 模型假设每个文本都由特定的主题分布构成，而每个主题是由潜在的词语分布组成。③基于图的文本方法。Glavaš 等[76]提出 GRAPHSEG 模型，利用词嵌入技术扩展了语义相关性的度量以构建文档的语义相关性图。然后，通过语义关联图的最大派系确定文本分割结果。

表 5.2　文本分割任务上对比实验的结果　(单位：%)

方法	数据结构		数据挖掘		计算机网络	
	P_k	WD	P_k	WD	P_k	WD
PLSA	23.62	26.58	25.37	27.31	24.10	26.85
TopicTiling	16.65	20.23	16.01	21.30	16.58	20.09
GRAPHSEG	17.12	21.07	18.78	22.05	17.34	21.13
FTS	**13.05**	**16.93**	**12.10**	**14.29**	**12.37**	**15.18**

实验结果表明，在三个数据集上，FTS 模型的 P_k 和 WD 都要低于其他文本分割模型，分别至少降低 3.6%和 3.3%，而且 FTS 模型在处理不同数据集时性能较稳定，对数据的鲁棒性较好。同时，FTS 模型仍有改进空间。例如，对于一些分面相近的段落分割，FTS 模型的错误率较高；而且对于颗粒度不一致的文本长度，FTS 模型的分割方法仍然有局限性。

分面映射任务上对比实验的结果如表 5.3 所示。这里采用了三个现有的文本分类方法进行对比：①Zhang 等[81]通过 SVM 方法结合词袋模型进行了实验，在短问题分类上表现良好。因为该方法很流行并且在短文本分类上很有效，所以被作为第一个对比实验。②TextCNN 方法[82]是由 Kim 在 2014 年提出的，被选择作为第二个对比实验。该方法以词向量作为输入训练含有一层卷积层的卷积神经网络来实现句子分类，词向量是通过一个无监督神经语言模型获得的。为了排除不同输入特征导致的不可比性，选择由 Word2Vec 训练的 50 维词向量。③C-LSTM 方法[83]通过卷积神经网络来获取高级短语表示序列，并将短语表示输入到长短期记忆网络来对句子进行表征。

表 5.3　分面映射任务上对比实验的结果　　(单位：%)

方法	数据结构	数据挖掘	计算机网络
SVM	79.33	79.69	79.62
TextCNN	81.69	80.95	80.90
C-LSTM	81.70	81.05	81.42
FTS	82.99	81.18	82.10

*F*1 作为分面映射的评测指标，在三个数据集上分别达到 82.99%、81.18%和 82.10%，比其他方法均有至少 1.5%的提高。在实验过程中，由于分面标签给定评价是以句子为单位的，而模型的标签给定是直接基于模型预测段落结果给出的，因此分面标签给定结果会受到文本分割任务结果的影响。

为了进一步评估多任务学习机制的有效性，在 FTS 模型和单任务模型之间进行了剥离实验。例如，采用仅包含文本分割模块的 FTS-TS 模型和仅包含分面映射模块的 FTS-FA 模型进行实验，结果如表 5.4 所示。

表 5.4　剥离实验结果　　(单位：%)

数据集		数据结构	数据挖掘	计算机网络
P_k	FTS-TS	17.32	17.10	18.01
	FTS	**13.05**	**12.10**	**12.37**
WD	FTS-TS	21.27	20.09	21.15
	FTS	**16.93**	**14.29**	**15.18**
*F*1	FTS-FA	81.36	80.54	81.28
	FTS	**82.99**	**81.18**	**82.10**

上述实验结果进一步验证了文本分割和分面映射任务的相关性以及多任务学习机制在这两项任务上的作用效果。FTS 模型效果明显优于 FTS-TS 模型，表明分面映射任务执行获取的分面信息作用于文本分割；另外，FTS 模型效果也优于 FTS-FA 模型，表明文本分割任务执行获取的段落边界信息作用于分面映射。上述结果说明了更精确的分面映射将具有更好的文本分割，而更准确的文本分割结果将使每个段落的分面映射结果更好。

最后，本节给出一个真实样例来形象说明所提出的文本分割方法的效果。如图 5.5 所示，该文本描述的是主题二叉树，并有 28 个句子，[·]表示句子对应的序号。该样例对应的文本分割和分面映射结果如图 5.6 所示，ref 对应的是样例文档实际的文本分割和分面映射结果，hyp 对应的是样例文档通过上述提出的 FTS 模型预测的文本分割和分面映射结果，ref 和 hyp 对应的结果并不是完全一致的。

[1] A binary tree is a tree data structure in which each node has at most two children. …… [4] Some authors allow the binary tree to be the empty set as well.	定义
[5] The maximum possible number of null links (i.e., absent children of the nodes) in a complete binary tree of n nodes is (n+1). …… [8] This means that a perfect binary tree with l leaves has n=2l-1 nodes.	特征
[9] There are some types of binary tree. …… [16] A degenerate (or pathological) tree is where each parent node has only one associated child node, and so on.	类别
[17] There are a variety of different operations that can be performed on binary trees. [18] Some are mutator operations, while others simply return useful information about the tree.	操作
[19] In computing, binary trees are used in two very different ways: …… [23] However, the arrangement of particular nodes into the tree is not part of the conceptual information. [24] For example, in a normal binary search tree the placement of nodes depends almost entireiy on the order in which they were added, and can be re-arranged without changing the meaning. …… [28] The everyday division of documents into chapters, sections, paragraphs, and so on is an analogous exampie with n-ary rather than binary trees.	应用

图 5.5　样例文档示意图

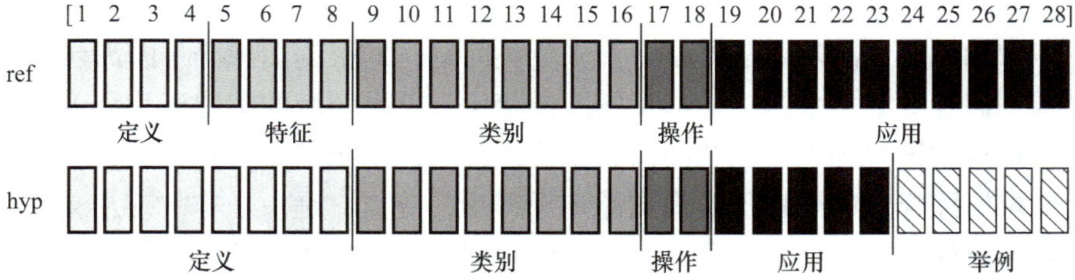

图 5.6　文本分割和分面映射结果示意图

上述结果表明：①当文本中的句子具有强依赖性时，很难对文本进行分割。例如，第 4 句和第 5 句之间的边界在所提模型的预测结果中消失，产生这种结果的原因可能是描述定义和特征这两个分面句子并不是很容易区分。②一些标志性的短语可能会影响文本分割结果。例如，第 23 句和第 24 句之间的边界在所提模型的预测结果中出现，并且出现了多余的分面标签，产生这种结果的原因可能是第 24 句以词组“For example”开头。尽管样例分析无法涵盖所有的样例情况，但是可以引导下一步的研究方向。

5.2　图像知识碎片的映射

随着 Internet 上各类开放知识源成为人们获取知识的重要来源，用于描述课程领域主题的知识碎片呈现跨媒体(cross-media)特性，表现为对同一知识主题采用文本、图像、视频等多种媒体形态进行表达。如图 5.7 所示，为了表达堆栈的相关知识，既可以使用文本描述，也可以通过示意图直观展示。著名心理学家 Dwyer[107]发现，通过文本或者图像的单一模态信息学习，三天后，学习者仅能记忆所学内容的 10%和 20%；然而，同时使用文本和图像的记忆效果却高达 65%。因此，图文并茂的知识表达形式能够极大地提高学习者的学习效率，即大脑在认知过程呈现出“跨媒体”的特性。在 5.1 节中已将文本知识碎片映射到知识森林的主题分面上，进而方便学习者从文本碎片中学习主题在某一维度的具体含义。本节将尝试将图像知识碎片映射到知识森林的主题上，使学习者能以图文结合的方式更深层次地学习和理解知识主题。

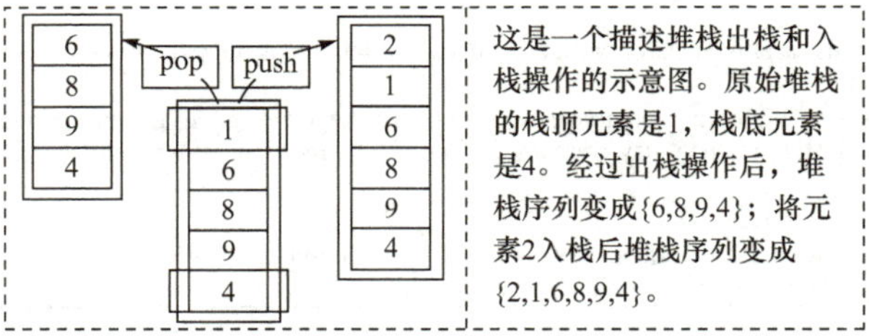

图 5.7　描述堆栈的文本和示意图

图像知识碎片的映射实质是一个多分类问题，即根据图像碎片的高层语义将其分类到课程的某一主题中。与自然图像相比，课程领域的图像碎片呈现小样本特性，即描述某些知识主题的图像获取代价昂贵，来源受限，样本匮乏。如何在只有少量标注样本的前提下实现图像知识碎片的分类，是一个非常有意义且有挑战的研究方向。本节将首先介绍关于小样本图像分类的相关工作；其次考虑不同主题间的语义关联，提出基于预定义采样的图像碎片分类方法；再次在鸟和花两个学科数据集上验证所提算法的有效性；最后针对课程领域特殊的图像知识碎片形式——示意图进行分析，提出未来示意图碎片映射的挑战。

5.2.1　国内外相关研究

小样本图像碎片映射，旨在每个主题的带标签图像样本只有几个的前提下，进行有效图像表征[108]。现有的小样本图像映射方法主要针对自然领域的图像识别任务，都基于统一的假设，即模型往往是在学习了一定常见类主题的大量数据后，对于新的非常见主题，才具有从少量样本中快速学习的能力[109]。将常见主题的样本集记作 base 数据集，非常见主题的样本集记作 novel 数据集，base 和 novel 数据集中的主题完全不重叠。

元学习是小样本学习领域主流的训练模式，其强调模仿小样本预测的机制进行训练[110]。具体来说，该方法在 base 数据集上随机生成一些元任务训练深度网络的小样本学习能力，然后在 novel 数据集上针对一些新的元任务进行预测。每个元任务都包括一个仅有几张带标签图像的支持集(support set)和一张无标签的目标图像(query)，每个元任务的目标是根据支持集预测目标图像的标签。图 5.8 是基于元学习的 3-way 1-shot 图像碎片映射与识别的示意图。目前为止，基于元学习模式的小样本图像映射方法非常多样，主要包括基于度量的方法、基于优化的方法、基于记忆网络的方法三类。

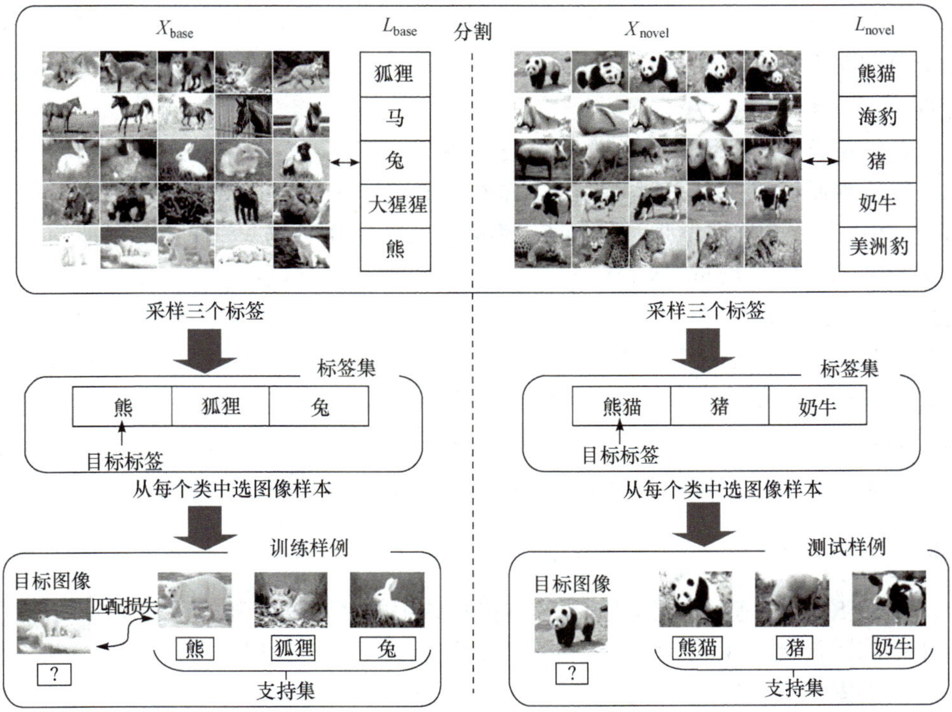

图 5.8　基于元学习的 3-way 1-shot 图像碎片映射与识别示意图

(1) 基于度量的方法是对样本间距离分布进行建模，学习一个有效的样本相似度度量空间，使得在该空间中同类样本靠近且异类样本远离。例如，Vinyals 等[111]提出一个端到端的深度匹配网络，通过将 K 近邻度量与样本表示学习相结合来完成小样本图像识别的任务。Snell 等[112]利用一个原型网络学习度量空间，在该空间中，小样本分类的任务可通过比较目标图像与所有类别原型的距离来实现。Sung 等[113]提出一个端到端的关系网络，同时对基于深度的特征映射函数和非线性距离函数进行优化，进而有效实现小样本图像识别。Garcia 等[114]将小样本学习视为一种有监督的消息传递任务,其利用图卷积神经网络进行端到端的训练。

(2) 基于优化的方法认为，采用梯度下降的图像分类器算法需要在大量标注样本上进行多次训练迭代才能具备优异的性能，当只有少量带标签样本时，可以尝试学习一个适合的初始化，使得训练从一个好的初始点开始，并只迭代几次就达到不错的分类效果。这类方法通常在 base 数据集的大量元任务上学习一个元模型，用它来预测 novel 数据集上新的小样本识别任务模型的初始参数。例如，Finn 等[115]提出一种创新的与模型无关的元学习方法，能自动学习一个有利于新的小样本分类问题的网络初始条件。Ravi 等[116]设计了一个基于长短期记忆网络的深度网络作为元学习网络，并用该网络来更新另一个学习者网络的大量参数，然后用学习者网络完成小样本预测问题。Munkhdalai 等[117]介绍了一种新的元网络学习多个元任务的相关知识，通过快速参数化转移归纳偏差，进而提高小样本学习的泛化能力。

(3) 基于记忆网络的方法是通过设计一个外部存储空间记录之前所学到的经验，然后利用记忆信息来辅助新的小样本图像识别任务的完成[118]。例如，Santoro 等[119]构造了一个记忆增强神经网络，序列化吸收样本数据，并快速准确地预测只出现过一次的样本数据。Xu 等[120]设计了一个键-值记忆网络，将图像特征作为记忆组件的 key，标签向量作为 value，存储大量 web 图像中的有用信息以便更好地完成小样本分类。Cai 等[121]提出了一个记忆匹配网络，带标签图像数据的有效特征写入记忆网络的同时读取记忆中与该数据相关的知识来辅助小样本识别过程。Zhu 等[122]针对小样本任务提出一种键-值复合记忆网络结构，其中每个记忆组件的 key 是一个多层结构的 key 组，这些 key 组在小样本训练中协同工作。

5.2.2　小样本图像知识碎片映射模型

在图 5.8 中，基于元学习的小样本图像映射方法都通过随机采样从 base 数据集中抽取图像类来生成元任务。这种方式虽然方便快捷，但很容易产生一些能简单区分的图像类，如{猫，树，水}、{猫，天空，海洋}和{猫，花，车}等。这类支持集中的图像类，如树、水、天空、海洋等与图像 Query 的猫类别语义关联很小，其不利于挖掘猫类图像的一些细粒度特性。在实际训练中，更需要产生类似{猫，狗，狮子}的支持集来辅助猫图像类的特征学习。为了克服上述问题，本节设计一种基于预定义采样的匹配网络[123]。

在小样本场景中，当每个图像类只有一张带标签的图像可用于训练时，称为单样本学习(one-shot learning)。这里，以单样本图像碎片映射为例进行形式化描述。给定涵盖 c 个主题的图像数据集 $X=\{\boldsymbol{x}_1,\boldsymbol{x}_2,\cdots,\boldsymbol{x}_n\}$ ，n 表示图像样本个数。其中，前 n_{s} 张图像 $X_{\mathrm{base}}=\{\boldsymbol{x}_1,\boldsymbol{x}_2,\cdots,\boldsymbol{x}_{n_{\mathrm{s}}}\}$ 属于前 c_{s} 个常见主题；剩余的 n_{u} 张图像 $X_{\mathrm{novel}}=\{\boldsymbol{x}_{n_{\mathrm{s}}+1},\boldsymbol{x}_{n_{\mathrm{s}}+2},\cdots,\boldsymbol{x}_n\}$ 属于后 c_{u} 个非常见主题。对于每个主题，采用 d 维的标签向量 l 表示这类图像的高层语义，c 个主题的语义标签向量集记作 $L=\{l_1,l_2,\cdots,l_c\}$ 。为了方便，将前 c_{s} 个主题和后 c_{u} 个主题的标签集分别记为 $L_{\mathrm{base}}=\{l_1,l_2,\cdots,l_{c_{\mathrm{s}}}\}$ 和 $L_{\mathrm{novel}}=\{l_{c_{\mathrm{s}}+1},l_{c_{\mathrm{s}}+2},\cdots,l_c\}$ 。基于此，在 base 数据集 $(X_{\mathrm{base}},L_{\mathrm{base}})$ 上生成多个元任务来训练小样本图像映射网络，并在 novel 数据集 $(X_{\mathrm{novel}},L_{\mathrm{novel}})$ 测试该网络的单样本图像识别能力。图 5.9 是所提出的基于预定义采样的小样本图像碎片匹配网络的训练框架图。

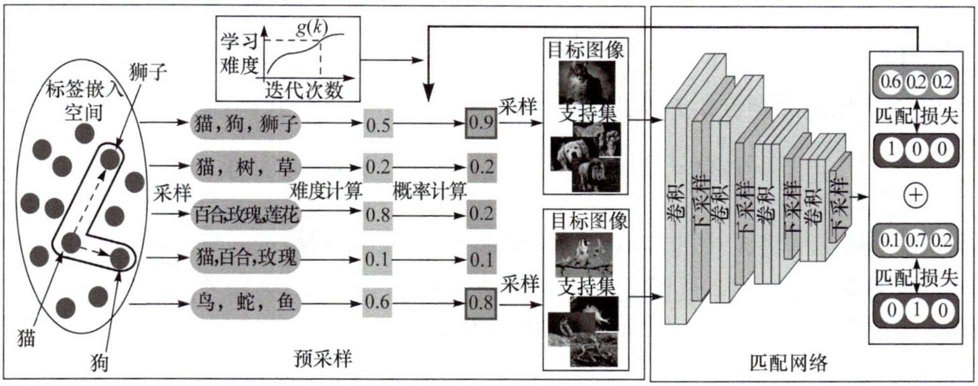

图 5.9　基于预定义采样的小样本图像碎片匹配网络的训练框架图

以 M-way 单样本图像碎片映射为例，其中 M 表示每个元任务中的图像类别数据，小样本匹配网络在每次优化迭代中需执行以下三步：①采用预采样策略生成 b 个主题标签集合 $P=\{p_1,p_2,\cdots,p_b\}$，其中每个标签集 p_i 包含 M 个来自 L_{base} 的主题，记做 $p_i=\{\ell_1^{[i]},\ell_2^{[i]},\cdots,\ell_M^{[i]}\}$；②任一标签集 p_i，构建对应的元任务 $(\hat{\boldsymbol{x}}^{[i]},S_i)$，其中图像 Query $\hat{\boldsymbol{x}}^{[i]}$ 来自主题 $\ell_1^{[i]}$，支持集 $S_i=\{\boldsymbol{x}_1^{[i]},\boldsymbol{x}_2^{[i]},\cdots,\boldsymbol{x}_M^{[i]}\}$ 中的图像依次来自 $\{\ell_1^{[i]},\ell_2^{[i]},\cdots,\ell_M^{[i]}\}$ 主题；③在 b 个元任务 $\{(\hat{\boldsymbol{x}}^{[i]},S_1),(\hat{\boldsymbol{x}}^{[i]},S_2),\cdots,(\hat{\boldsymbol{x}}^{[b]},S_{\mathrm{b}})\}$ 上度量小样本图像识别损失，并采用后向传播的方式更新匹配网络的参数。基于上述单样本图像碎片映射的形式化定义，将介绍图 5.9 中的小样本匹配网络模块与预定义采样模块。

1. 小样本匹配网络模块

小样本识别网络是一个深度卷积网络，其将每个元任务$(\hat{\boldsymbol{x}}^{[i]}, S_i)$中的所有图像映射到一个共享空间，进而提取图像的高层语义特征。如框架图 5.7 右边方框内所示，该网络由 4 层卷积层与 4 层采样层组成。每次迭代中，所有输入图像首先被调整到大小为84×84；其次经过 4 层卷积与 4 层采样，被表征为 1600 维度的特征向量；最后通过以下目标函数来度量b个元任务的小样本学习损失：

$$\min_{\theta} E(\theta, D) = \min_{\theta} \sum_{i=1}^{b} \| P(\Phi_\theta(\hat{\boldsymbol{x}}^{[i]}), \Phi_\theta(S_i)) - \hat{\boldsymbol{y}}^{[i]} \|^2 \tag{5.14}$$

式中，θ表示深度匹配网络的参数集合；$\Phi_\theta(\cdot)$表示基于参数θ的图像非线性映射函数。给定元任务$(\hat{\boldsymbol{x}}^{[i]}, S_i)$，$\Phi_\theta(\hat{\boldsymbol{x}}^{[i]})$表示图像 Query $\hat{\boldsymbol{x}}^{[i]}$的 1600 维特征向量；$\Phi_\theta(S_i)$表示支持集$S_i$中所有图像的特征表示集合，即$\Phi_\theta(S_i) = \{\Phi_\theta(\boldsymbol{x}); \boldsymbol{x} \in S\}$。显然，目标函数(5.14)通过计算图像 Query $\hat{\boldsymbol{x}}^{[i]}$的真实类别标签$\hat{\boldsymbol{y}}^{[i]}$和预测类别分布$P(\Phi_\theta(\hat{\boldsymbol{x}}^{[i]}), \Phi_\theta(S_i))$之间的欧氏距离来度量损失。其中，真实类别标签$\hat{\boldsymbol{y}}^{[i]} = [\hat{\boldsymbol{y}}_1^{[i]}, \hat{\boldsymbol{y}}_2^{[i]}, \cdots, \hat{\boldsymbol{y}}_{c_s}^{[i]}] \in \{0,1\}^{c_s}$，当$\hat{\boldsymbol{x}}^{[i]}$属于第$j$个 base 主题时，$\hat{\boldsymbol{y}}_j^{[i]} = 1$，否则$\hat{\boldsymbol{y}}_j^{[i]} = 0$。预测类别分布$P(\Phi_\theta(\hat{\boldsymbol{x}}^{[i]}), \Phi_\theta(S_i)) \in \mathbb{R}^{c_s}$由以下公式得到：

$$P(\Phi_\theta(\hat{\boldsymbol{x}}^{[i]}), \Phi_\theta(S_i)) = \sum_{\boldsymbol{x} \in S_i} a(\Phi_\theta(\hat{\boldsymbol{x}}^{[i]}), \Phi_\theta(\boldsymbol{x}), S_i)\boldsymbol{y} \tag{5.15}$$

式中，$\boldsymbol{y}$是支持集S_i中的带标签图像样本$\boldsymbol{x}$对应的类别指示向量。直观来说，预测到的类别分布向量是支持集中所有带标签图像的对应类别标签向量的一个线性组合。组合权重通过以下 Softmax 函数计算得到：

$$a(\Phi_\theta(\hat{\boldsymbol{x}}^{[i]}), \Phi_\theta(\boldsymbol{x}), S_i) = \frac{\mathrm{e}^{\Phi_\theta(\hat{\boldsymbol{x}}^{[i]})^{\mathrm{T}} \Phi_\theta(\boldsymbol{x})}}{\sum_{\boldsymbol{x}^* \in S_i} \mathrm{e}^{\Phi_\theta(\hat{\boldsymbol{x}}^{[i]})^{\mathrm{T}} \Phi_\theta(\boldsymbol{x}^*)}} \tag{5.16}$$

2. 预定义采样模块

现有的随机采样的策略忽略了图像类间的语义关联，导致产生大量过于简单的低质量元任务。具体来说，当学习猫对象类时，随机采样策略很容易产生类似{猫，百合，玫瑰}、{猫，树，草}的低质量标签集。基于这类标签集的元任务只有助于挖掘猫的一些宏观粗粒度特征，而对于学习猫的尾巴长短、眼睛大小、胡须等细粒度特征来说意义不大。在实际训练过程中，往往需要类似{猫，狗，狮子}、{猫，老虎，马}的高质量标签集来辅助对象猫高层语义特征的挖掘。为此，提出一种基于预定义采样的小样本匹配网络训练策略。该策略包含两个关键点：①引入一个创新的学习难度指标来衡量任一标签集学习的难易程度；②按照由易到难的学习顺序训练小样本匹配网络[124]。以上策略不仅能产生大量质量高、难度高的元任务，而且能更好地模仿人的认知过程，由易到难逐步提升匹配网络的小样本图像识别能力。

为了实现预定义采样策略，首先给出小样本学习多样性、相似性、难度三个指标的定义。

定义 5.2　小样本学习多样性指标。给定任意标签集 $p_i = \{l_1^{[i]}, l_2^{[i]}, \cdots, l_M^{[i]}\}$，多样指数 ε_i 为 $\varepsilon_i = V(e_{i\to 2}, e_{i\to 3}, \cdots, e_{i\to M}) = \sqrt{\det(E^{\mathrm{T}}E)}$。其中，$V(e_{i\to 2}, e_{i\to 3}, \cdots, e_{i\to M})$ 表示由多个归一化向量 $\{e_{i\to 2}, e_{i\to 3}, \cdots, e_{i\to M}\}$ 构成的多面体在多维空间的体积。数学推导可知，该体积大小为 $\sqrt{\det(E^{\mathrm{T}}E)}$，其中 $E = [e_{i\to 2}, e_{i\to 3}, \cdots, e_{i\to M}]$[125]。这里的归一化向量为

$$e_{i\to m} = \frac{l_1^{[i]} - l_m^{[i]}}{\| l_1^{[i]} - l_m^{[i]} \|}$$

定义 5.3　小样本学习相似性指标。给定任意标签集 $p_i = \{l_1^{[i]}, l_2^{[i]}, \cdots, l_M^{[i]}\}$，相似指数 σ_i 为

$$\sigma_i = \frac{1}{M-1} \sum_{m=2}^{M} \| l_1^{[i]} - l_m^{[i]} \|^{-1}$$

定义 5.4　小样本学习难度指标。给定任意标签集 $p_i = \{l_1^{[i]}, l_2^{[i]}, \cdots, l_M^{[i]}\}$，其对于小样本匹配网络的学习难度为 $\mu_i = \varepsilon_i + \lambda\sigma_i$。其中，$\varepsilon_i$ 和 σ_i 是标签集 p_i 在多样性指标和相似性指标上的度量值。

事实上，多样性衡量向量 $e_{i\to m}$ 与其他向量 $\{e_{i\to 2}, \cdots, e_{i\to m-1}, e_{i\to m+1}, \cdots, e_{i\to M}\}$ 的整体差异程度。该差异由 $\{e_{i\to 2}, e_{i\to 3}, \cdots, e_{i\to M}\}$ 中两两向量之间的夹角大小决定。任意两个归一化向量间的夹角越接近 90°，多样性指标的取值越大。当所有归一化向量互相垂直时，其构成的体积空间达到最大值 1，标签集的多样性指标达到最大值。标签集多样性越高，其包含的标签语义越丰富，学习难度越大，否则标签语义过于单调，太易学习。相似性指标 σ_i 是标签集中目标对象类的语义标签向量 $l_1^{[i]}$ 与其他对象类的语义标签向量 $\{l_1^{[i]}, l_2^{[i]}, \cdots, l_M^{[i]}\}$ 相似度的平均值。在该定义中，语义标签向量间的相似度用欧氏距离的倒数来度量。当标签集对应的相似性指标取值越大时，对于小样本匹配网络的学习难度越高。难度指标 μ_i 综合考虑了标签集的多样性和相似性来衡量小样本图像识别的学习难度。

依据上述定义得到每个标签集 p_i 的学习难度后，选取一些特定难度的标签集

生成元任务并训练小样本匹配网络。在训练初始阶段，小样本匹配网络的图像识别能力较弱，需要选取一些难度较低的元任务进行学习；随着迭代次数的增加，越来越多难度较大的元任务参与训练，匹配网络的小样本预测能力不断提高；在迭代后期，小样本匹配网络主要在一些难度很高的元任务上不断训练，进一步增强该模型在高难度元任务上的图像识别能力。以迭代次数 k 为自变量，如图 5.10 所示，设计三种元任务难度学习曲线 $g(\cdot)$ [126]，具体如下。

线性分布曲线：$g(k)=\min(\mu_{\max},\mu_{\min}+\alpha k)$

指数分布曲线：$g(k)=(\mu_{\min}-\mu_{\max})\alpha^{k}+\mu_{\max}$

Sigmoid 分布曲线：$g(k)=\mu_{\min}+\dfrac{\mu_{\max}-\mu_{\min}}{1+\exp\left(-\dfrac{k}{\alpha}+\dfrac{\mu_{\max}-\mu_{\min}}{2}\right)}$

式中，变量 $\mu_{\max}$ 表示元任务学习难度的极大值；$\mu_{\min}$ 表示元任务学习难度的极小值。在实际应用中，$\mu_{\max}$ 和 $\mu_{\min}$ 的取值可通过多次随机采样进行数值估计。三个分布中的超参数 α 决定了模型训练的期望收敛速度。对于线性分布曲线，α 是分布的斜率，其取值始终大于 0；对于指数分布曲线，α 是分布的底数，其取值 $0<\alpha<1$；对于 Sigmoid 分布曲线，α 与分布的指数有关，其取值大于 1。由理论分析可知，当 α 取值增大时，线性分布的斜率变陡，指数分布和 Sigmoid 分布的曲线变缓。

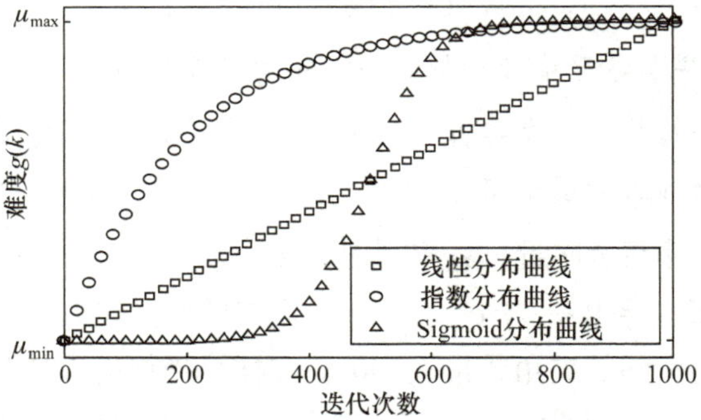

图 5.10　预定义的三种元任务难度学习曲线图

在训练小样本匹配网络的过程中，对于第 k 次优化迭代，首先随机生成大量的标签集 $P=\{p_1,p_2,\cdots,p_N\}$。然后根据此次迭代的预定义元任务学习难度值 $g(k)$，从 P 中选取 b 个标签集 $P^*=\{p_1^*,p_2^*,\cdots,p_b^*\}$ 用于训练，其中，任一标签集 p_i 被选中的概率如下：

$$\rho_i=\frac{1}{\sqrt{2\pi}\omega}\exp\left(-\frac{(\mu_i-g(k))^2}{2\omega^2}\right) \tag{5.17}$$

式中，超参 ω 是高斯概率分布的标准差，其可通过交叉验证的方式获得。显然，当标签集的难度值 μ_i 越接近 $g(k)$ 时，其被选中的概率越大。也就是说，在第 k 次迭代中，所选标签集 P^* 的学习难度值集中在 $g(k)$ 左右。随着迭代次数 k 的增加，预定义的学习难度 $g(k)$ 取值变大，参与小样本匹配网络训练的元任务越来越难，即实现了由易到难的优化过程。

5.2.3　测试验证

本节在两个公开学科数据集 CUB-200-2011[127]与 Oxford Flowers-102[128]上验证小样本图像碎片分类方法的有效性。其中，CUB-200-2011 由 Wah 等在 2011 年提出，涵盖了 200 个鸟种，每种鸟有 60 张左右的图像样例，共有 11788 张图像。在实验中，base 数据集包含 160 类图像用来训练模型，novel 数据集包含 40 类图像用来测试模型。Oxford Flowers-102 由 Nilsback 等提出，包含产自英国的 102 种不同形态的花，每种花中有 40～258 张图像，共有 8189 张图像。实验中采用 82 种花作为 base 数据集，剩余的 20 种花作为 novel 数据集。另外，所提方法需要预先获取所有图像类的语义标签向量，用于小样本预采样。考虑到这两个细粒度图像集的类别间差异较小，类别单词不足以表达该类图像的一些细粒度特征。为此借鉴 Elhoseiny 等[129]的工作，首先从维基百科及其他权威知识网站获取与所有图像类相关的文本语料；其次提取文本语料的 TF-IDF 特征；最后采用主成分分析算法将高维的 TF-IDF 特征降到 300 维的低维语义空间，得到所有类的语义标签向量。

另外，本实验将所提方法与四种方法进行对比。其中，Baseline Classifier 采用传统的多分类方式完成小样本图像识别的目标；Siamese Net 将小样本图像识别问题转化为简单的二分类问题，以图像对作为输入，判断两张图像是否属于同一个对象类；剩余的两个对比方法 Matching Net、Prototypical Net 都将小样本图像识别问题看作相似度匹配问题，并采用元学习的方式来训练网络模型，具体细节如下。

(1) Baseline Classifier：直接基于深度特征进行相似度匹配，实现小样本图像映射。首先，在 base 数据集上训练基于图像多分类的深度卷积网络；其次，利用已训练好的深度卷积网络提取 novel 数据集中的图像特征；最后，在特征空间计算目标图像与其他带标签图像的欧氏距离，进而对目标图像进行分类。

(2) Siamese Net[130]：首先通过深度卷积网络提取两张图像的特征向量；其次对两个特征向量求差取绝对值，并输入到以 Sigmoid 函数为激活函数的全连接层；最后输出一维变量来表示两张图像属于同一类的概率。

(3) Matching Net[111]：以随机采样方式生成多个元任务，元任务中的所有图像通过特征提取模块和上下文嵌入模块后，在特征空间计算小样本匹配损失进行网络优化。其中，上下文嵌入模块是一个双向 LSTM 网络，该模块根据支持集中图像间的上下文关系来调整图像特征。

(4) Prototypical Net[112]：首先通过一个深度卷积网络提取每个元任务中目标图像和支持集图像的语义特征；其次用支持集中每一类图像的特征均值作为该对象类的原型表示；最后通过计算目标图像的特征向量与对象类原型表示的空间距离来完成小样本分类的任务。

表 5.5 和表 5.6 记录了在数据集 CUB-200-2011 和 Oxford Flowers-102 上的实验结果。通过设置不同的 way 和 shot 的取值，运行多组小样本图像碎片分类实验，充分验证所提出方法的有效性。其中，way 的取值为 5 和 10，shot 的取值为 1、3、5。据此，可得出三点结论：①比较所提出的四个变种模型可知，三种分别基于线性、指数、Sigmoid 预定义采样策略的匹配网络在小样本图像碎片分类上的性能始终比随机采样的效果好。②与四种对比方法相比，所提出的基于预定义采样的匹配网络模型能达到更高的小样本图像碎片分类准确度。这说明基于预采样的由易到难的训练模式能有效提高小样本图像碎片分类模型的泛化能力。③显然，预采样策略中元任务难度学习曲线的选择会直接影响最终小样本图像碎片分类的性能。整体来说，当采用线性难度分布曲线时，在两个数据集上都能达到相对满意且稳定的分类结果。

表 5.5　数据集 CUB-200-2011 上的实验结果

模型	5-way			10-way		
	1-shot	3-shot	5-shot	1-shot	3-shot	5-shot
Baseline Classifier	0.356	0.381	0.394	0.248	0.256	0.261
Siamese Net	0.354	0.408	0.429	0.274	0.319	0.349
Matching Net	0.409	0.516	0.588	0.352	0.388	0.395
Prototypical Net	0.425	0.526	0.583	0.374	0.401	0.410
本节模型（随机）	0.401	0.510	0.572	0.350	0.379	0.387
本节模型（线性）	0.441	0.537	0.597	0.392	0.423	0.429
本节模型（指数）	0.434	0.542	0.596	0.386	0.418	0.438
本节模型（Sigmoid）	0.433	0.539	0.589	0.387	0.416	0.433

表 5.6　数据集 Oxford Flowers-102 上的实验结果

模型	5-way			10-way		
	1-shot	3-shot	5-shot	1-shot	3-shot	5-shot
Baseline Classifier	0.354	0.368	0.384	0.241	0.256	0.264
Siamese Net	0.395	0.435	0.472	0.294	0.335	0.364
Matching Net	0.446	0.538	0.601	0.378	0.389	0.416

续表

模型	5-way			10-way		
	1-shot	3-shot	5-shot	1-shot	3-shot	5-shot
Prototypical Net	0.459	0.552	0.619	0.392	0.398	0.429
本节模型（随机）	0.438	0.529	0.591	0.372	0.381	0.408
本节模型（线性）	0.469	0.562	0.634	0.408	0.420	0.439
本节模型（指数）	0.474	0.563	0.639	0.407	0.426	0.441
本节模型 (Sigmoid)	0.470	0.565	0.637	0.407	0.421	0.438

5.2.4　未来示意图映射的挑战

示意图是课程领域中一种特殊的图像碎片形式，由领域专家绘制，且由点、线、矩阵等几何形状或简笔画组成。与一般的图像碎片相比，示意图碎片不仅呈现小样本特性，而且在颜色分布[131]、尺度不变特征变换(scale invariant feature transform，SIFT)[132]方面具有特征稀疏和知识抽象的特点。本小节简单介绍课程领域示意图数据集构建、特征分析和研究难点。

1. 示意图数据集构建

构建计算机数据结构课程领域的示意图数据集，示意图样例主要来源于专业教科书，如 *Data Structures and Algorithm Analysis in C*、《天勤 2019 数据结构》。如图 5.11 所示，专业人员首先标注了示意图对应的来源、类别和文本描述，同时使用矩形框标出图中对象和逻辑符号的位置，并以关系三元组<obj_1,relation,obj_2>记录图中对象与对象之间的关系。最终构建了涵盖数据结构领域 17 个知识主题，如二叉树、二叉搜索树等共 1523 张示意图。

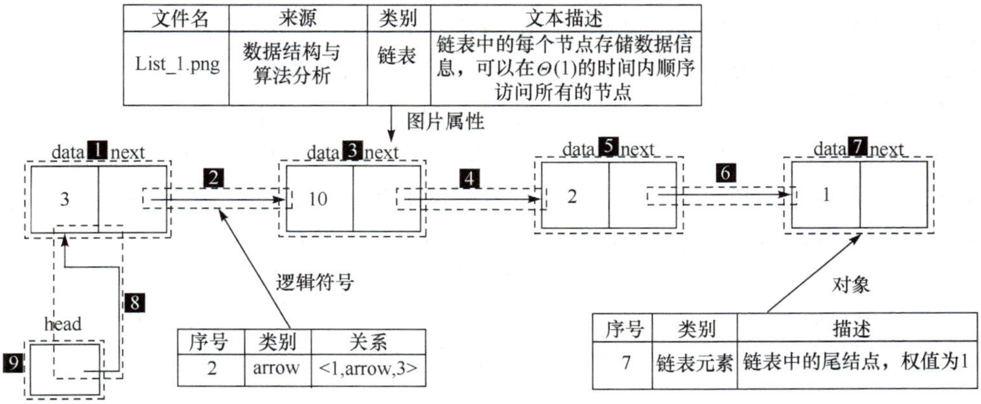

图 5.11　课程领域示意图标注样例图

2. 示意图特征分析

分别提取课程领域示意图和自然图像的三种经典视觉特征：RGB 颜色特征、SIFT 特征和深度卷积特征，对比分析课程领域示意图相比于自然图像的特异性。在具体实验中，以公开的大规模自然图像数据集 ILSVRC-2012[133]做参考，其包含 130 万张自然图像，涵盖 1000 个对象类。

(1) RGB 颜色特征分析。分别从计算机数据结构课程领域的示意图数据集和 ILSVRC-2012 数据集中随机选取图像，提取两种类型图像的 RGB 颜色特征。分析可知，自然图像 RGB 值分布相对于课程领域图像更加均衡，主要分布在[0,200]。然而，课程领域图像中像素点对应的 RGB 三个颜色分量分布极其不均衡，都集中分布在 255 附近，说明数据结构示意图中存在大量的白色背景，这些背景不包含任何有用信息。也就是说，示意图中有效信息所占的像素点很少，因此传统图像特征提取方法很难去挖掘这些少量有效像素点中包含的抽象知识概念。

(2) SIFT 特征分析。SIFT 是计算机视觉领域中一种常用的特征检测算法，用于检测和描述图像中的局部特征，该算法具有尺度不变性，能够不受图片缩放、光照改变和旋转的影响。分别从自然图像数据集 ILSVRC-2012 和数据结构示意图数据集中挑选 1000 张图像，提取它们的 SIFT 特征，计算每张图像中的 SIFT 特征点数量。统计发现，数据结构示意图 SIFT 特征点数量的均值是 420，中位数是 190；而自然图像 SIFT 特征点数量的均值是 980，中位数是 867。由上述分析可知，数据结构示意图中特征点稀少，导致 SIFT 特征难以全面表达示意图所包含的复杂概念信息。

(3) 深度卷积特征分析。深度卷积是当前非常受欢迎的图像高层语义表征方法，其在计算机视觉领域取得很大突破。AlexNet[133]、VGG[134]、ResNet[135]是三种典型的深度卷积神经网络。将数据结构示意图数据集划分为涵盖 1298 张图像的训练集和 352 张图像的测试集，在训练集上训练上述卷积神经网络，并在测试集上进行示意图分类，实验结果如表 5.7 所示。可以看出，卷积神经网络在数据结构示意图上的分类效果要远远差于在自然图像上的分类效果。例如，AlexNet 模型在数据结构示意图上的分类准确率比在 ILSVRC-2012 数据集上低 47.49%；ResNet-18 在数据结构示意图上的分类准确率比在 ILSVRC-2012 数据集上低 59.69%。而且卷积网络在自然图像上的分类准确率一般随着网络层数的增加而提升，但其在数据结构示意图上的分类性能与网络层数没有紧密联系。

表 5.7　不同卷积神经网络在两种类型图像数据集上的分类结果　(单位：%)

方法	数据结构示意图	ILSVRC-2012 数据集
AlexNet	9.03	56.52
VGG-11	9.38	69.02
VGG-13	10.07	69.92

续表

方法	数据结构示意图	ILSVRC-2012 数据集
VGG-16	9.38	71.59
VGG-19	9.38	72.37
ResNet-18	10.07	69.76
ResNet-34	11.11	73.31
ResNet-50	10.42	76.13
ResNet-101	9.38	77.37
ResNet-152	9.72	78.31

综合以上分析可知，传统的 RGB、SIFT 和深度卷积图像特征不能有效地表征数据结构课程示意图的高层语义。

3. 示意图研究难点

从上述特征对比分析中可以总结出未来示意图碎片研究存在以下三大难点。

首先，课程领域示意图数据集构建困难。描述特定知识主题的示意图不仅来源受限，样本匮乏，而且必须由专家标注，代价昂贵。目前，已经有相关研究者针对特定领域构建了一定规模的示意图数据集。其中，AI2D 数据集[136]仅包含 5000 多张示意图，这些示意图主要来源于生物、物理和地理等中小学课程。每张示意图标注了其中的视觉对象、箭头、文字以及它们之间的关系。此外，Seo 等[137]从与高中几何问题相关的四个考试网站中构建了平面几何问题的数据集，其中每个问题都有一段文字说明和一个相应的示意图。该数据集最终规模同样很小，只包含 100 个问题。目前构建的计算机数据结构课程领域的示意图数据集仅包含 1500 多张示意图，远远不足以支撑当前大数据挖掘的基本要求。

其次，课程领域示意图特征稀疏。示意图中存在大量单一颜色的背景，而有效信息，如对象、光学文字和各类逻辑符号所占空间较小。因此，示意图在 RGB 特征、SIFT 特征、深度卷积特征具有特征稀疏和知识抽象的特点。另外，由于示意图的构成要素类似，以简单的几何图像居多，致使相似的形状可能具有不同的语义，而同一语义又有不同的表达方式。例如，箭头在食物链图中表示一种捕食关系，而在链表图中表示一种存储位置指向关系；二叉树示意图中的节点既可以用圆形表示，也可以用矩形框表示。上述特性导致当前针对自然图像的特征提取方法无法准确挖掘示意图的高层语义。

最后，示意图中往往包含更丰富的对象以及对象间关系。近年来，Kembhavi 等[136]利用随机森林和卷积神经网络等多种手段识别示意图中的对象以及对象间的关系，将示意图表示成关系图结构，从而确定示意图的语义。Seo 等[137-138]提出了一种理解几何问题中的示意图的方法，该方法识别示意图中的视觉元素，同时最大化文本和视觉数据之间的一致性，从而确定几何问题的正确答案。Sachan 等[139]提出了一个学习解析教科书中的牛顿物理学问题的系统，该系统将各种文本元素映射到检测的对应示意图元素，并使用一组人为设计的规则将示意图映射为形式化语言。从以上研究可以看出，在示意图对象识别的基础上，挖掘对象间的抽象关联关系，实现对象间的认知辅助与关系推理，是对示意图进行深度理解的另一难点。

5.3 小　结

本章介绍了如何将不同来源的多模态知识碎片映射到主题分面树上，形成实例化的分面树。针对文本模态的知识碎片，提出一种文本分割和分面映射联合的多任务学习模型,缓解文本分割和分面映射流水线工作方式导致的错误累积问题。针对图像模态的知识碎片,初步提出了一种基于小样本学习的图像碎片映射方法，并对课程领域特殊的知识碎片形式——示意图展开讨论分析。

第 6 章　知识森林导学

本章与第 7 章将介绍知识森林的教学实践。本章重点介绍如何将知识森林应用于三个教学场景：①如何利用知识主题的学习依赖关系规划导航学习路径；②如何利用知识主题的分面结构生成可对比的学习对象；③如何高效地检索知识森林的知识碎片，并解答 why-not 问题。

6.1　学习路径规划

学习路径的生成旨在根据学习者的先验知识、认知状态和学习目标，在知识森林上规划一条由知识主题的认知依赖关系构成的路径，基于该路径的导航学习有助于缓解学习迷航问题。学习路径应满足 5 个条件：①路径中不包含已经学习过的知识主题；②缺少路径中任一知识主题，学习者都无法实现学习目标；③学习者已经掌握了学习路径中的第一个知识主题内容；④掌握路径中第 i 个知识主题是学习第 $i+1$ 个知识主题的充分条件；⑤学习目标是路径中最后一个知识主题。

前期研究通过分析量化知识主题之间的拓扑特性，提出一种基于拓扑特性的知识主题学习依赖关系挖掘方法，在此基础上，以认知模型与随机游走中心度理论为指导，提出如图 6.1 所示的四阶段学习路径规划方法，主要步骤如下。

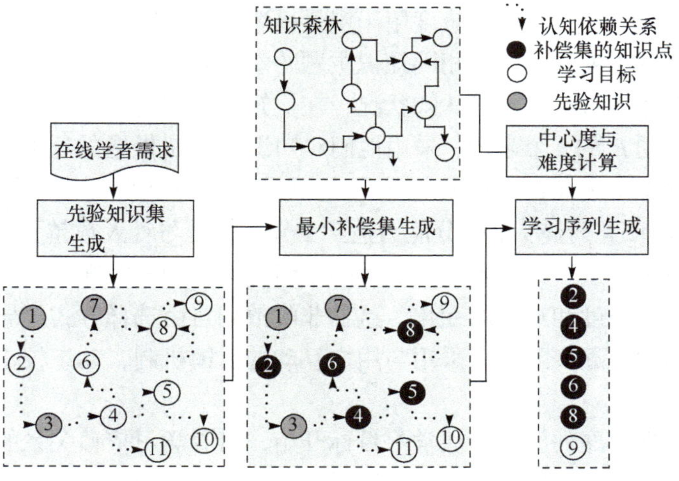

图 6.1　四阶段学习路径规划方法

步骤 1：先验知识集生成。先验知识集是学习者在学习目标知识之前已掌握的知识主题集合。首先，在分析个人习得特征的基础上，根据在线学习者的需求和场景，从在线学习者的习得日志中提取学习者已经掌握的知识主题集，并参照知识主题之间的认知依赖关系生成学习者的先验知识集。

步骤 2：最小补偿集生成。依据学习者的学习目标知识主题，按照认知依赖关系的逆序，以递归的方式找出目标节点的先序知识闭包，实现目标知识主题的先验知识挖掘。然后，以学习者先验知识为最小补偿集的下限，目标知识主题的先验知识为最小补偿集的上限，实现最小补偿集的生成。

步骤 3：基于用户反馈的中心度与难度计算。首先，学习中心度是对知识主题在导航路径上的重要性度量，可以通过测试学习者对某个知识主题的掌握程度来度量。采用吸收马尔可夫链(absorbing Markov chain)迁移概率矩阵度量学习掌握知识主题 R_i 后进而掌握知识主题 R_j 的可能性，其定义为

$$P = \begin{bmatrix} R & B \\ O & I \end{bmatrix} \tag{6.1}$$

式中，R 是 $|V_1| \times |V_1|$ 阶矩阵；B 是 $|V_1| \times |V_2|$ 阶矩阵；I 是 $|V_2| \times |V_2|$ 阶单位矩阵；O 是 $|V_2| \times |V_1|$ 阶零矩阵。依据马尔可夫链基本特性可知，知识主题 R_i 的中心度为

$$d_i = \begin{cases} \sum\limits_{k=1}^{|V_1|} q_{ki} & i \leqslant |V_1| \\ \sum\limits_{k=1}^{|V_1|} \sum\limits_{m=1}^{|V_2|} b_{mi} & |V_1| \leqslant i \leqslant |V_2| \end{cases} \tag{6.2}$$

式中，q_{ki} 是矩阵 $Q = (I - B)^{-1}$ 的第 k 行第 i 列元素；b_{mi} 是矩阵 B 的第 m 行第 i 列元素。其次，引入知识主题的难度用于定量描述知识主题的学习难度。由于认知能力和知识掌握程度的不同，相同知识主题的学习对于每个学生的难易程度是不同的。针对具体学习者的先验认知状况，在认知水平相近的学习社团中，选择已经学过知识主题 R_i 的 n 个学生，采用他们对知识主题 R_i 做题的反馈结果，估计得到的 R_i 难度系数。定义 ξ 为知识主题 R_i 的实际得分，x 为学习者学习知识主题 R_i 的得分，概率 $P(\xi \geqslant x)$ 越大，得分能力达到 x 分数的学习者人数越多，知识主题 R_i 的难度系数越小。最后，随着学习能力的不断变化，用户对知识主题的掌握程度引起知识主题中心度和难度的变化，这种非收敛的自由选择方式会导致用户选择知识主题的准确性逐步降低，采用与用户互动的反馈机制，动态校正知识主题的中心度。

步骤 4：学习序列生成。从学习目标开始，沿着学习依赖关系的逆序，按照学习中心度、难度的升序，宽度优先遍历，遍历结果的逆序就是学习路径。

6.2　可对比知识主题生成

对比是一种基本的人类认知手段，贯穿于感知、分类、解释等各种认知活动中[140]。它将两种具有联系的事物进行对照比较，用增强事物形象的方式来加深读者的理解。对比也是文学创作中的一种常用表现手法，通过将对立的意思、事物、情感等放在一起，有利于充分展示事物的矛盾，突出被表现事物的本质特征。知识主题之间的对比则将相关的多个知识主题在分面上的内容一一展示出来，直观地表现它们的相同与不同。例如，在表 6.1 中将物理课程中的“无线电波”与“声波”这两个具有相似性质的主题进行对比，罗列它们在“性质”“介质”“现象”“波长”等相关分面上的内容，有助于读者掌握它们之间的共性和差异，抓住目标知识主题的本质。

表 6.1　“无线电波”与“声波”的对比

类项	性质	介质	现象	波长 λ/m	频率 f/Hz	速度 v/(m/s)
无线电波	射频频段的电磁波	不需要	反射、折射、干涉、衍射等	10^{-3}～3×10^{4}	10^{4}～3×10^{11}	3×10^{8}（真空中）
声波	声源振动产生的机械波	需要	反射、折射、干涉、衍射等	0.017～17	20～2×10^{4}	340（空气中）

美国心理学家 Gentner 等[141-142]提出了结构映射理论（structure mapping theory），重点指出了对比是实体间关系的映射，而不是实体所具有属性的映射（进行对比的两个实体通常只有很少的属性值是相同的）。也就是说，对比是知识主题间的结构对齐过程，对应到本章节中，对比一方面要建立不同主题在分面上的一一对应关系；另一方面要实现分面间关联关系的对齐。例如，表 6.1 中“无线电波”与“声波”两者在“波长 λ”“频率 f”“速度 v”三个分面之间的关联上实现了结构对齐，这是由于都存在 $v=\lambda\times f$ 函数关系。

Chi 等[143]的研究发现了自我解释效应：当学生在学习中向自己解释样例材料时，自身对知识点表述的重构产生了学习的促进效应，加深了学生对知识点的理解。对比学习中的结构对齐能够识别出被对比知识主题在共同分面上的重要差异，促进学习者产生自我解释效应[144-145]。例如，通过在表 6.1 中对比“无线电波”与“声波”的“性质”“介质”“现象”“波长”等，有助于学习者掌握两者的异同点，并促进学习者思考产生这些异同点的原因。

本章的任务是以结构映射理论为指导，以第 3 章中获取的知识主题和分面为对象，实现可对比知识主题的生成。6.2.1～6.2.3 小节分别对可对比知识主题的相关工作、总体架构和实现进行详细介绍。

6.2.1　国内外相关研究

目前，已有很多学者探讨了对比学习在教育中的应用价值，但还没有关于可对比知识主题自动生成的相关研究工作。本节简单介绍对比学习的一些实际应用案例，以及针对语义网进行结构映射的相关研究。

1. 对比学习的应用研究

国内外学者广泛开展了将对比学习应用于教学中的研究。例如，Star 等[146]研究了在代数教学中加入对比学习对学生知识掌握情况的影响，实验结果肯定了对比学习在代数教学中的积极作用。Begolli 等[147]在数学教学中以比较的形式同时向学生展示了一个问题的多个解决方案，结果表明，相比依次向学生展示解决方案，这样做使学生得到了更好的学习效果。国内的郭建鹏等[148]在初中生中测试了一元一次方程不同类型解法之间的对比教学对学生知识掌握情况的影响，说明了教学时设计多重样例进行对比的积极意义。Maharaj-Sharma 等[149]探讨了对比作为一种教学工具的重要性以及对比在物理教学中的应用，结果体现了对比在物理教学中的应用价值。

对比不仅被广泛运用在数理的教学中，在历史、地理、医学等课程的课堂上也能时常看到对比学习的案例。Straaten 等[150]讨论了在历史教学中，对比过去和现在的教学方法的可行性和教学效果，通过对 444 名学生和 15 位教师的经验和观点进行询问，结果表明对过去和现在的案例进行对比学习是一个可行且有积极作用的方案。Benjamin 等[151]研究了基于比较的认知过程如何支持学习地球科学中的基本空间概念，大量证据表明，比较类似的案例可以帮助学生深入了解重要的类别定义特征。Kok 等[152]调查了三种射线照片比较技术在医学教学中的效果，提出比较案例是学习解读放射照片的有效方法，特别是当所使用的比较技术专门针对学习目标时，效果更为明显。

上述研究一方面验证了对比学习的效用；另一方面也得到一些影响对比学习的关键因素，如视觉相似性[151]、多重样例变异性[148]、学生类型[153]和认知资源[154]等，其为可对比知识主题的生成提供了必要的研究基础。然而，在这些研究中，对比学习对象的选取主要依赖教师与领域专家，存在人工开销大、可扩展性不强等局限性，很难满足在大规模在线学习场景下对比学习的需求。

2. 结构映射的理论研究

当前，国内外学者根据结构映射理论或概念整合理论，已提出了一系列算法用于在语义网中找出类比的概念或对象[155]。Falkenhainer 等[156]提出的结构映射引擎(structure mapping engine，SME)是此类研究中最早被提出、最具影响力的算法之一。SME 算法能够利用系统性与一致性规则匹配对比主题中的分面与关联信息。后续的研究主要是将结构映射问题转化为在语义网上的子图同构问题。例如，Hervás 等[157]提出的 jMapper 映射器采用三角规则与四边规则进行结构映射。其中，三角规则是指若两个概念与第三个概念具有相同关系，则两者存在潜在关系，如“无线电波”与“声波”都与第三个概念“波”具有上下位关系；四边规则[158]是指若两个关联概念分别与第三个、第四个概念具有相同关系，则第三、四个概念也存在潜在关系，如“无线电波”“声波”分别与“电磁波”“机械波”具有“性质”关系。Leuzzi 等[159]基于 Horn 子句逻辑提出了一种多策略映射方法，通过引入论证推理提升结构映射的灵活性。Goncalves 等[160]提出了一种新型的高性能随机映射器 EEMapper，可处理包含数百万个概念关系的语义图，并实时输出结构映射。

然而，上述研究还难以应对可对比知识主题的生成问题，原因在于：①已有研究主要以语义网为对象进行结构映射，还未见到以知识主题树为对象的研究工作；②不同分面在结构映射中的重要性具有显著差异，但已有研究忽略了分面的权重问题。

6.2.2　可对比知识主题生成框架

可对比知识主题生成旨在自动地挖掘与目标知识主题相匹配的知识主题，实现两者之间分面的对比，该问题的形式化定义如下：

定义 6.1　可对比知识主题生成。给定一个课程的知识主题集合 T 与该课程知识资源对应的文本集 D，对于要学习的知识主题 $t \in T$，生成三元组集合 $A_{t',t} = \left\{ (f_i, c_i', c_i) \mid i \in [1,2,\cdots,l] \right\}$。其中，$t' \in T$ 是 t 的可对比知识主题，满足 t' 和 t 之间图结构的匹配度最大。c_i' 与 c_i 是 D 中文本分割成的文本片段，分别表示知识主题 t'、t 在分面 $f_i \in F$ 上的对应内容，$F = \left\{ f_i \mid i \in [1,2,\cdots,l] \right\}$ 为 t'、t 的共同分面集。

可对比知识主题生成可分为分面及其关系挖掘、可对比知识主题匹配和分面内容抽取三个模块，其总体架构如图 6.2 所示。

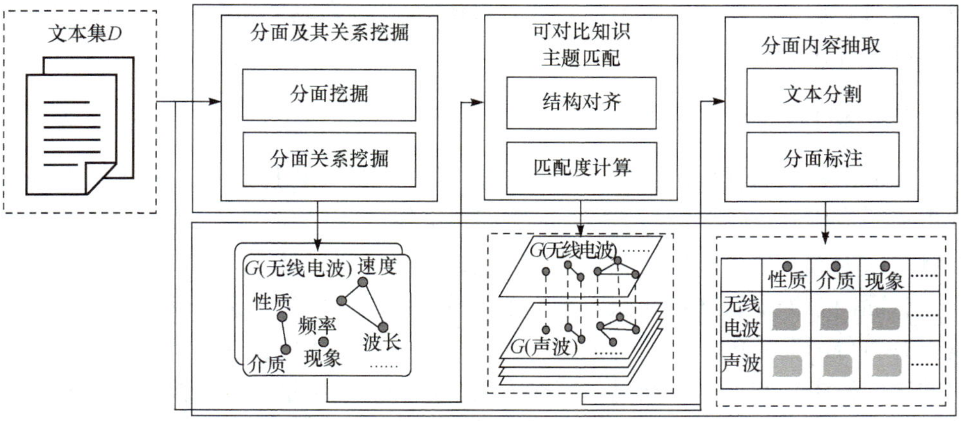

图 6.2　可对比知识主题生成总体架构

1. 分面及其关系挖掘

分面及其关系挖掘任务从文本集 D 中挖掘出知识主题对应分面及其关系构成的图结构，即对于目标知识主题 $t \in T$，挖掘分面集合 F_t 与分面关系集合 $R_t \subset F_t \times F_t$。以图 6.2 为例，将挖掘出知识主题“无线电波”的“性质”“介质”“频率”等分面及其关系。

该任务分为分面挖掘和分面关系挖掘两部分：分面挖掘从文本集中挖掘目标知识主题存在的分面，此部分内容在 3.2 节中已介绍，主要以数据权威、结构简单的维基百科数据源作为分面抽取的主要数据来源。首先构建知识主题和分面的候选集，然后使用基于联合学习的算法从候选集合中筛选匹配的主题与分面信息。分面关系挖掘则是建立分面间关联的图结构，在 3.3 节中，以上述生成的主题分面对作为输入，首先进行分面关联图的初始化，其次考虑相似主题的聚类信息以及层级分面的聚类信息，对初始化的分面关联图进行调整与补全，最后输出知识主题的分面间关联结构。

2. 可对比知识主题匹配

可对比知识主题匹配任务是在对知识主题的分面及其关系进行结构对齐的基础上，进一步匹配识别出可与目标知识主题 t 进行对比的知识主题 t'，其核心是 t 和 t' 之间的分面关联图结构对齐以及匹配度计算。以图 6.2 为例，其目标是识别出“声波”和“无线电波”两个知识主题并进行对比学习。

根据结构映射理论，不同分面在可对比知识主题的生成中有不同程度的贡献，并且与其他分面存在关联的分面更为重要(通常被称为结构性分面)。因此量化不同分面的权重以辅助分面关联结构的对齐是识别可对比知识主题的关键。首先对知识主题的分面关联图进行结构对齐，其次利用图网络节点信息来计算分面权重，最后通过知识主题对的匹配系数获取可对比知识主题。具体实现内容将在 6.2.3 小节详细展开讨论。

3. 分面内容抽取

分面内容抽取任务的目的是从文本集 D 中抽取知识主题 t 、t' 在所有共同分面上的对应内容(文本片段形式)，形成三元组集合 $A_{t,t'}$。以图 6.2 为例，将抽取出“性质”“射频频段的电磁波”和“声源振动产生的机械波”等三元组。

分面内容抽取旨在将知识主题中多个分面的文本碎片知识分割成多个知识段落，并将分面树中的分面与知识段落建立映射关系。主要包含文本分割和分面映射两个子任务，它们可以通过共享输入层表示和底层网络结构来同时进行模型训练。这样做使得文本分割的结果能够作用于分面映射，分面映射的结果可以反向调整文本分割结果，两者相互促进相互提升学习效果，进一步降低误差传播的影响。具体的联合学习方法实现及验证已在 5.1 节中详细介绍。

6.2.3 可对比知识主题匹配算法

在图 6.2 所示的可对比知识主题生成总体架构中，可对比知识主题匹配是至关重要的模块，其主要包括主题结构对齐和匹配度计算两步。其中，结构对齐旨在根据结构映射理论将潜在可对比知识主题对的分面对齐；匹配度计算通过考虑不同分面的贡献程度生成高质量的可对比知识主题。接下来，将对结构对齐和匹配度计算过程进行详细介绍。

1. 结构对齐

根据结构映射理论，对比是主题间的结构对齐过程，不仅要建立不同主题在分面上的对应关系，而且需要实现在分面之间的关联上的对齐。本节尝试建立图神经网络来捕获分面关联图的整体和局部结构，提出一种基于图匹配网络的知识主题间结构对齐算法。

近年来，图神经网络(graph neural networks，GNNs)成为一种学习结构化图数据的表示形式以及解决图上的各种监督预测问题的有效模型，其在不改变图元素排列的情况下对局部图结构信息进行聚合来计算图节点的表征[161-163]，这些节点表征可直接用于节点分类，也可合并到图形向量中进行图形分类。例如，Perozzi 等[164]将社交网络图结构进行嵌入表征，进而对不同社区节点的类别进行划分。不同于上述传统的嵌入式 GNNs，图匹配网络(graph matching networks，GMNs)模型将一对图作为输入并计算它们之间的相似度系数，而不是先将每个图独立地映射到向量，再计算两者的相似度。因此，图匹配网络模型比嵌入模型更强大，匹配得到的准确度更高，但代价是需要增加额外的计算。该网络更改了传播层中的节点更新模块，不仅考虑了每个图边缘上的聚合消息，还添加了图匹配向量来提高结构对齐的性能。例如，Li 等[162]通过图匹配网络来实现二进制函数流程图的相似性匹配，得到的效果优于其他图嵌入模型和相似度量网络。

本节借鉴上述 GMNs 的核心思想实现主题对之间的结构对齐，同时解决不同主题间的分面命名冲突问题。实现方案如图 6.3 所示。

方案的具体实现包括以下三个步骤。

步骤 1：图结构特征表示

采用图神经网络来表征主题的分面关联图结构。将任一主题 t 的分面关联图记作 $G_t=(V,E)$，其中 V 是该主题下所有分面的集合；E 是所有分面间的关联边集合。这里，用 $\boldsymbol{x}_i$ 表示 V 中第 i 个分面节点的语义向量，$\boldsymbol{s}_{ij}$ 表示第 i 与第 j 个分面的语义关联向量。将分面关联图 $G_t=(V,E)$ 中的节点与边向量分别输入多层感知器 MLP，实现对各个节点和边的重新编码。具体如式(6.3)与式(6.4)所示：

$$\boldsymbol{f}_i=\mathrm{MLP}_{\mathrm{node}}(\boldsymbol{x}_i) \tag{6.3}$$

$$\boldsymbol{e}_{ij}=\mathrm{MLP}_{\mathrm{edge}}(\boldsymbol{s}_{ij}) \tag{6.4}$$

式中，$\boldsymbol{f}_i$ 和 $\boldsymbol{e}_{ij}$ 是分面节点与分面间关联边向量的新表征结果，其作为后续分面关联图结构分离的输入。

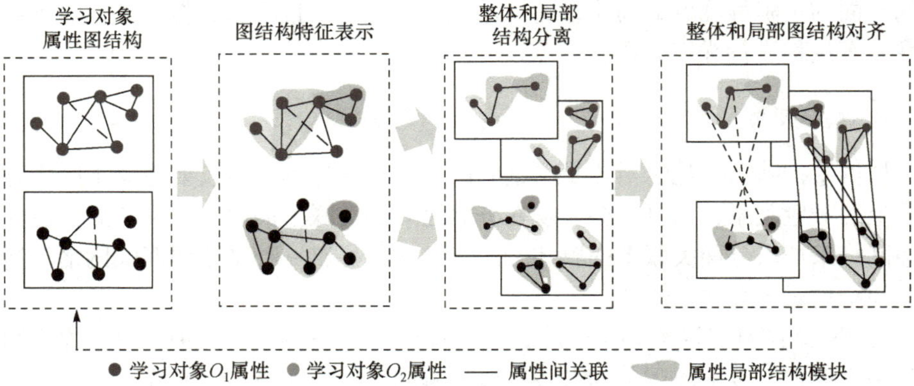

图 6.3　主题对的结构对齐实现方案

步骤 2：整体和局部结构分离

在主题的分面关联图中，将具有强关联的分面节点聚为一类，形成多个分面簇，并用每个簇的中心节点表示该类分面的整体语义，从而实现分面关联图的约简。将约简后的图称为主题的整体图结构，其表示该主题多个分面簇之间的关联。显然，整体结构对齐程度可以反映主题之间的结构相似性。分面簇可以展示分面之间的关联信息，对分面簇进行结构对齐可以有效地解决分面命名冲突问题。依据以上分析，一个主题的分面图可以定义为 $G=\left\{G',G^*\right\}$，其中 G' 表示通过池化操作（如求平均值、最大值）对图结构进行的简化，称为图的整体结构；$G^*=\left\{G_1^*,G_2^*,\cdots\right\}$ 是同时利用多个特征向量进行上采样得到的各个局部信息表示。

步骤 3：整体和局部图结构对齐

利用 GMNs 分别度量主题对整体和局部图的匹配系数，并依据匹配结果判断其是否为潜在的可对比知识主题。

在结构对齐中，通常存在命名冲突问题。例如，主题“无线电波”与“声波”的“介质”和“媒介”是相同分面的不同表达形式。对其进行冲突消歧，能够提升结构对齐的性能。基本方法：对于主题对 (t_1,t_2)，对应的局部图记作 $G_{t_1}^*$ 和 $G_{t_2}^*$，将其输入图卷积神经网络中，抽取每个分面基于当前局部图的特征表示。$G_{t_1}^*$ 和 $G_{t_2}^*$ 的分面节点特征集合分别表示为 $\left\{x_{t_1}^i\right\}_{i=1}^m$ 和 $\left\{x_{t_2}^j\right\}_{j=1}^n$，其中 m 和 n 分别表示两者包含的分面个数。对分面进行一一对应连接并对齐，得到 $X=\left\{x_k\right\}_{k=1}^{m\times n}$，即

$$x_k = \text{concat}\left(x_{t_1}^i, x_{t_2}^j\right) \tag{6.5}$$

将拼接向量 x_k 输入到一个二分类检测器中，预测主题 t_1 的第 i 个分面与主题 t_2 的第 j 个分面是否语义对齐，从而对分面命名进行冲突消歧，提升结构对齐效果，实现主题对间的结构对齐。

2. 匹配度计算

为了进一步准确获取可对比知识主题，缓解分面关联图结构对齐带来的噪声数据，采用匹配度计算从候选集中筛选出可对比知识主题。在主题的分面关联图中，每个分面节点对于该主题的学习都具有不同的贡献程度；同时，对于不同的主题，其共有的分面集(即结构对齐的分面)对两个主题的对比学习尤为重要。因此，利用复杂网络分析的方法，将分面的重要性程度转化为分面的权重计算问题，并基于不同的分面权重实现可对比知识主题的识别，主要包括三个步骤。

步骤 1：单个知识主题内部的分面权值计算。对于某一知识主题，不同分面对该主题的语义贡献程度不同。一般情况下，在分面关联图中，出度与入度较大的分面节点对于该主题的学习往往更有价值。因此，这里采用图的中心度分析方法计算权重。设知识主题的分面图 G_F 由分面 $F=\left\{f_i\right\}$，$i=1,2,\cdots,l$ 及各个分面之间的关联组成。对于每一个分面节点 f_i，可采用 page rank 算法计算分面节点的 PR 值(一种被其他节点链接的概率)来衡量其重要程度。节点 f_i 的 PR 值计算步骤如下：首先设置收敛值 ξ 和可调参数 η，初始化每个分面节点的 PR 值为 $\mathrm{pr}_i^1=1/l$，其次通过式(6.6)进行迭代计算：

$$\mathrm{pr}_i^{t+1} = \eta \cdot \sum_{v_j \in I(v_i)} \frac{\mathrm{pr}_i^t}{|O(v_j)|} + \frac{1-\eta}{l} \tag{6.6}$$

式中，$I(v_i)$ 是指向分面 v_j 的所有分面集合；$\left|O(v_j)\right|$ 是分面节点 v_j 的中心度。计算收敛条件 $\|\mathrm{PR}^{t+1}-\mathrm{PR}^t\|<\xi$，满足收敛条件之后得到最终的 PR 值 $\mathrm{PR}=\left\{\mathrm{pr}_1,\cdots,\mathrm{pr}_n\right\}$。最后利用 Softmax 函数计算每个分面的权值，形式如下：

$$w_i^* = \frac{\exp(\mathrm{pr}_i)}{\sum_j \exp(\mathrm{pr}_j)} \tag{6.7}$$

步骤 2：知识主题对间的分面权值计算。针对不同分面对知识主题有不同的

权重影响，在结构对齐的基础上，给包含知识主题关联对齐的分面赋予更大的权重，当作更重要的分面对待。

假设 F_t 表示知识主题 t 的全部分面集，F_t' 表示知识主题中有结构对齐的分面集，F_t^* 则表示没有结构对齐的独立分面集。这里知识主题的分面集 F_t^* 和 F_t' 之间没有交集，即可表示为 $F_t = F_t^* \cup F_t'$。

对于具有结构对齐的分面，每组分面权重计算公式如下：

$$w_i' = \begin{cases} m/n \quad , m/n < a \\ a, \qquad m/n \geqslant a \end{cases} \quad f_i \in F_t' \tag{6.8}$$

式中，m 表示该组分面间边的数量；n 表示该主题所有分面的连接边数量；a 表示权重阈值设定。对于没有结构对齐的分面 $f_i \in F_t^*$，其对应的权重值 $w_i' = 0$。

步骤 3：知识主题匹配度计算。对于知识主题 t 的任意一个分面 i，其权重可以表示为 $w_i = \alpha w_i' + \beta w_i^*$。其中，$\alpha$ 和 β 分别表示上述两种分面权重的加权系数；w_i' 表示分面 i 的节点权重；w_i^* 表示分面 i 的结构映射权重。

设 F_{t_1} 与 F_{t_2} 分别表示知识主题 t_1 与 t_2 的分面集。提出一种基于分面权重的知识主题结构相似性度量方法，用于度量知识主题 t_1 与 t_2 的匹配度，具体计算如下：

$$S\big(G(t_1), G(t_2)\big) = \frac{W_F + 1}{2}\left(\frac{1}{W_F + W_{t_1} + 2} + \frac{1}{W_F + W_{t_2} + 2}\right) \tag{6.9}$$

式中，$W_F = \sum_{f \in F_{t_1} \cap F_{t_2}} w_f$ 表示 t_1 与 t_2 公共分面集中所有分面的权重之和；$W_{t_1} = \sum_{f \in F_{t_1} - F_{t_2}} w_f$ 表示仅属于知识主题 t_1 的分面的权重之和；$W_{t_2} = \sum_{f \in F_{t_2} - F_{t_1}} w_f$ 表示仅属于知识主题 t_2 的分面的权重之和。基于以上结构对齐方案可实现对可对比知识主题的识别，通过设置相似度阈值或主题数阈值确定最终的知识主题。

6.3　基于嵌入学习的知识碎片检索

本节提出一种基于嵌入学习（embedding learning）[165]的知识碎片检索方法。首先，介绍现有的知识碎片检索方法，并分析现有方法的局限性；其次，介绍知识森林嵌入学习技术，并基于此技术提出一种构建知识森林的结构化查询图和检索知识碎片的方法；最后，在智能问答领域的基准数据集上对模型的有效性与效率进行实验验证。

6.3.1　现有的知识碎片检索方法

知识森林遵循 RDF 规范，对知识森林中的知识碎片进行检索的方法是直接采用 SPARQL[166]、GraphQL[167]等通用于其他 RDF 数据的结构化查询语言。图 6.4 展示了“堆栈”在知识森林中的实例化主题分面树，根据 RDF 规范可将其表示为如下三元组(以其中两条三元组为例)：

<Stack, property, “First in last out” >

<Stack, pop, “Take out the top element of the stack” >

如果用户对数据结构课程中“堆栈”主题的弹出(pop)操作感兴趣，则可以通过以下 SPARQL 语句检索相关知识碎片：

```
SELECT  ?x
WHERE{
    <Data Structure, topic, Stack>.
    <Stack, pop, ?x>.
    <?x, a, Knowledge Fragment>
}
```

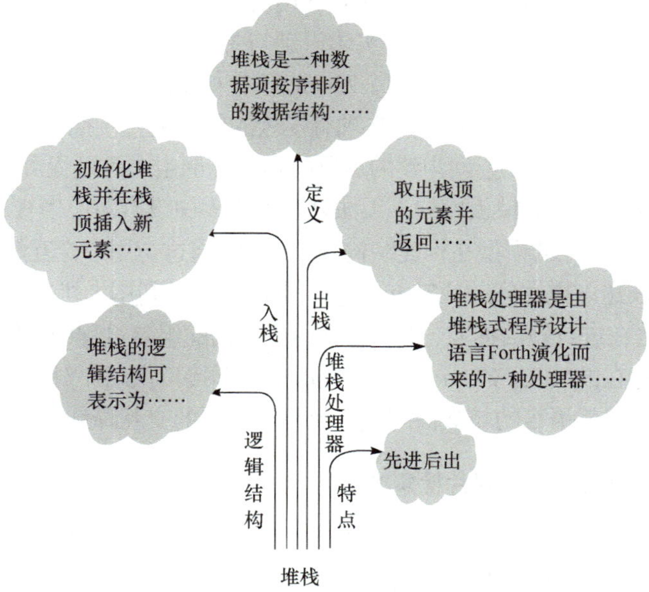

图 6.4　“堆栈”在知识森林中的实例化主题分面树

SPARQL 等结构化查询语言的效率较高，且可以精确地表达查询意图。但是对普通用户而言，撰写类似于上述的 SPARQL 查询较困难。并且知识森林作为一个教育领域知识图谱，其主要用户是不同学科下的老师与同学。他们可能难以掌握 SPARQL 查询所需的语法规则、知识森林的模式和命名规范等技术细节。

针对上述缺点，近年来许多学者提出了面向 RDF 数据的自然语言智能问答模型。用户可以通过自然语言问题表达检索意图，由智能问答模型构建结构化查询，并将所对应的知识碎片返回给用户。常见的智能问答模型有基于语义解析的模型、基于模板的模型和基于人机交互的模型。

(1) 基于语义解析的模型通常利用自然语言处理技术对给定问题进行细粒度的理解，基于明确的查询意图生成目标结构化查询。Berant 等[168]首先构建给定问题所对应的多个候选结构化查询；其次为每个候选查询附上一个自然语言规范表达；最后通过匹配自然语言规范表达与给定问题选出最优查询。针对用户所提出的自然语言问题，Hu 等[169]首先将其表示为语义查询图，然后在知识库中进行子图匹配来得到查询的目标信息。基于语义解析的方法在回答表达多样或存在一定歧义的问题时表现较好，这是由于这类方法会对自然语言问题进行细粒度的理解。但是，这类方法基于自然语言问题来推断目标查询的结构，无法解决结构化的知识森林与非结构化的自然语言问题之间所存在的“语义鸿沟”问题[170]。

(2) 基于模板的模型会构建一个包含了各种类型自然语言问题以及它们所对应结构化查询模式的模板库，通过在模板库中匹配给定问题生成目标查询。Unger 等[171]提出了一种基于模板的方法，该方法首先利用已有的结构化查询模板对照给定自然语言问题的内在结构，然后利用统计实体识别与关系检测方法将模板实例化成结构化查询。针对自然语言的歧义性问题，Zheng 等[172]将模板的生成抽象为不确定图连接任务。该类方法最大的优势是可以在现有模板的基础上直接推断目标查询的结构。在已知目标结构的条件下，查询构建的短语映射与查询生成等过程可以高效进行。但是，该类方法是基于现有模板库的，无法处理模板库中没有对应模板的问题。

(3) 基于人机交互的模型在构建结构化查询时，通过与用户交互解决自然语言问题的歧义性与表达多样性问题。Zheng 等[173]提出了一种利用人机交互实现智能检索的方法。该方法在进行短语抽取、映射与结构化查询的组装过程中，允许用户澄清自然语言问题中存在的歧义。Zhan 等[174]则提供了图形接口供用户对问题进行改进。该类方法可以解决自然语言的歧义性问题，但是与用户的交互降低了检索效率。

6.3.2 基于嵌入学习的知识碎片检索方法

鉴于传统检索方法存在上述诸多局限性，本节提出一种基于嵌入学习的知识碎片检索方法[175]。下面首先介绍相关的嵌入学习技术，其次详细介绍线下知识森林嵌入表示学习，最后基于知识森林的嵌入表示实现线上知识碎片查询。

1. 嵌入学习技术

随着包括知识森林在内的各类 RDF 图的规模扩大，传统图算法在大规模 RDF 图上的应用越来越受限于数据稀疏性与计算低效性问题。近年来，国内外学者提出了 RDF 图的嵌入学习技术来解决这一问题[176-177]。

嵌入学习技术被用于将大规模 RDF 图映射到连续低维的向量空间中。具体而言，对于 RDF 图中的节点与边，其在嵌入向量空间中均被表示为低维向量。并且嵌入学习模型可以通过设计具体的损失函数和机制，在所学习到的节点与边的嵌入向量中表达 RDF 图的结构信息与上下文信息等内在信息。

本节应用的是基于翻译机制(translation mechanism)的嵌入学习技术。TransE[165]是该类技术的代表模型，其将知识森林三元组中的关系视为嵌入向量空间中的翻译操作。图 6.5(a)展示了一个知识森林中的三元组，本节将其用符号表示为(v_h,e,v_t)；图 6.5(b)展示了利用 TransE 将该三元组映射到向量空间中的示意图。在本节中，节点v_h、v_t与关系e被分别表示为低维向量$\boldsymbol{v_h}$、$\boldsymbol{v_t}$与$\boldsymbol{e}$①，TransE 的翻译机制要求$\boldsymbol{v_h}+\boldsymbol{e}\approx\boldsymbol{v_t}$，即在嵌入向量空间中$\boldsymbol{v_h}+\boldsymbol{e}$是$\boldsymbol{v_t}$的最近邻居。根据翻译机制，TransE 学习到的嵌入向量表示包含了 RDF 图的结构信息，其可以被用于链接预测(link prediction)、三元组分类(triple classification)和 RDF 图补全(RDF graph completion)[178]等任务。例如，在 RDF 图补全任务中，给定两个节点v_h'、v_t'与一个关系e'，在学习得到它们对应的嵌入向量$\boldsymbol{v_h'}$、$\boldsymbol{v_t'}$与$\boldsymbol{e'}$后，可以通过计算$\boldsymbol{v_h'}+\boldsymbol{e'}$是否约等于$\boldsymbol{v_t'}$来判断节点$v_h'$、$v_t'$与关系$e'$是否可以构成一个三元组$(v_h',e',v_t')$。

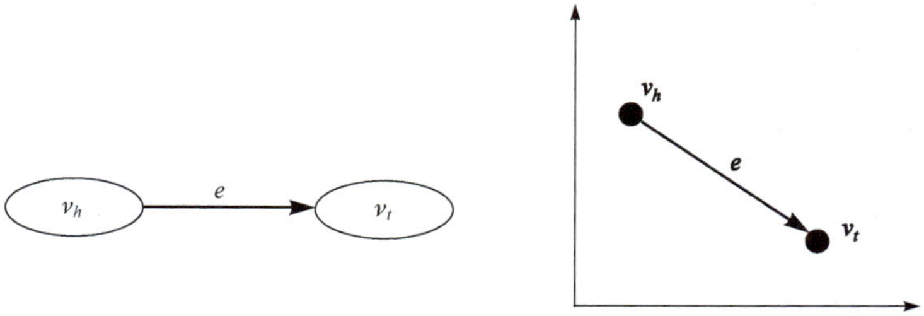

(a) 知识森林三元组　　(b) 三元组映射到向量空间

图 6.5　TransE 嵌入学习示意图

受 TransE 模型的启发，一些更为复杂的基于翻译机制的嵌入表示学习方法被提出，包括 TransH[178]、TransR[179]和 PTransE[180]等。以 TransR 为例，它将 RDF 图编码到一个节点嵌入向量空间与多个边嵌入向量空间中。对于知识森林中的三元组(v_h,e,v_t)，TransR 不仅学习节点v_h、v_t与边e的嵌入向量表示$\boldsymbol{v_h}$、$\boldsymbol{v_t}$与$\boldsymbol{e}$，还学习边e的映射矩阵$\boldsymbol{M_e}$。该映射矩阵可以将节点从节点嵌入向量空间映射到对应于边e的边嵌入向量空间。具体而言，对于三元组(v_h,e,v_t)，TransR 要求

① 第 6 章使用加粗的英文符号表示节点与边的嵌入向量。

$\boldsymbol{v}_h\boldsymbol{M}_e + \boldsymbol{e} \approx \boldsymbol{v}_t\boldsymbol{M}_e$，图 6.6 为 TransR 嵌入学习示意图。

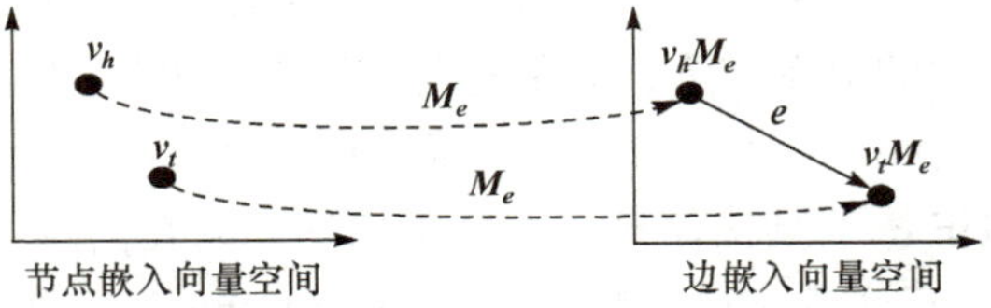

图 6.6　TransR 嵌入学习示意图

基于翻译机制的方法可以较精确地表示知识森林的结构化信息，因此已被广泛应用于结构化查询构建任务[181]。但是，基于翻译机制的模型忽略了知识森林的上下文信息，不适用于分类与回归类型的任务[182]。

近年来，基于上下文信息的嵌入表示学习模型也得到了越来越多的关注。GAKE[183]针对 RDF 图的节点与边定义了三种上下文，包括邻居上下文（neighbor context）、边上下文（edge context）和路径上下文（path context）。在嵌入表示学习过程中，GAKE 最大化节点与边在给定其上下文条件下的联合条件概率。因此，由 GAKE 学习到的嵌入向量表示可以被用于在给定上下文的条件下预测丢失的节点与边。RDF2Vec[182]没有具体定义 RDF 图的上下文，但是依然可以被视为基于上下文信息的嵌入表示学习模型。原因在于 RDF2Vec 将 RDF 图转换为节点与边的序列，并通过神经语言模型，如连续词袋模型与 Skip-Gram 模型进行嵌入表示学习，而这些神经语言模型是基于序列的上下文窗口进行训练的。

2. 线下知识森林嵌入表示学习

为便于形式化表述，在此将知识森林抽象为一个 RDF 图 $G=(V,E)$。其中，V 是知识森林中节点的集合，即任意节点 $v \in V$；E 是知识森林中边的集合，即任意边 $e \in E$。知识森林中由节点 v_h、v_t 与边 e 构成的三元组表示为 $(v_h,e,v_t) \in G$。基于知识森林的 RDFS 定义，本节进一步将其中的节点划分为表示具体实体的实体节点 v_e，如“Data Structure”与“Stack”，以及表示实体节点类别的类别节点 v_c，如“Course”与“Topic”。此外，将可在知识森林中直接检索知识碎片的结构化查询定义为 G_Q。知识森林是由三元组构成的，而结构化查询是由三元组模式构成的。并且三元组模式与知识森林三元组非常相似，不同的是三元组模式允许存在变量节点 v_v，即表示结构化查询中变量的节点。

基于以上形式化描述，首先给出知识森林中节点与边的局部知识森林子图（local knowledge forest sub-graph, L-KF）与泛化局部知识森林子图（generalized local knowledge forest sub-graph, GL-KF）的定义，然后基于此概念学习知识森林的嵌入表示。

定义 6.2　局部知识森林子图。给定知识森林 $G=(V,E)$，节点 $v\in V$ 的局部知识森林子图为 $G_L(v)=\{(v,e,v')\mid e\in E,v'\in V,(v,e,v')\in G\}\cup\{(v',e,v)\mid v'\in V,e\in E,(v',e,v)\in G\}$。边 $e\in E$ 的局部知识森林子图为 $G_L(e)=\{(v,e,v')\mid v,v'\in V,(v,e,v')\in G\}$。

定义 6.3　泛化局部知识森林子图。给定知识森林 $G=(V,E)$，实体节点 $v_e\in V$ 的泛化局部知识森林子图为 $G_G(v_e)=\{(v_e,e,\hat{v}_c)\mid(v_e,e,\hat{v}_e)\in G_L(v_e)\}\cup\{(\hat{v}_c,e,v_e)\mid(\hat{v}_e,e,v_e)\in G_L(v_e)\}$，其中 $\hat{v}_c$ 为 $\hat{v}_e$ 对应的类别节点。类别节点 $v_c\in V$ 的泛化局部知识森林子图为 $G_G(v_c)=\{(v_c,e,\hat{v}_c)\mid(v_e,e,\hat{v}_c)\in G_G(v_e)\}\cup\{(\hat{v}_c,e,v_c)\mid(\hat{v}_c,e,v_e)\in G_G(v_e)\}$，其中 v_c 为 v_e 对应的类别节点。边 $e\in E$ 的泛化局部知识森林子图为 $G_G(e)=\{(v_c,e,\hat{v}_c),(v_e,e,\hat{v}_c),(v_c,e,\hat{v}_e)\mid(v_e,e,\hat{v}_e)\in G_L(e)\}$，其中 v_c 与 $\hat{v}_c$ 分别为 v_e 与 $\hat{v}_e$ 对应的类别节点。

以实体节点 Tim Burton 为例，其局部知识森林子图如图 6.7 所示，其泛化局部知识森林子图如图 6.8 所示。

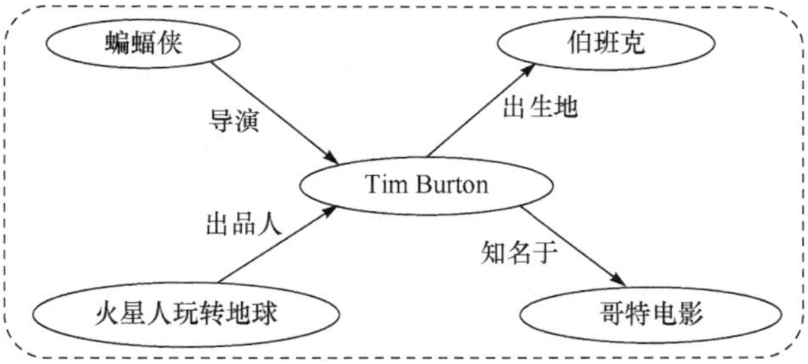

图 6.7　Tim Burton 的局部知识森林子图

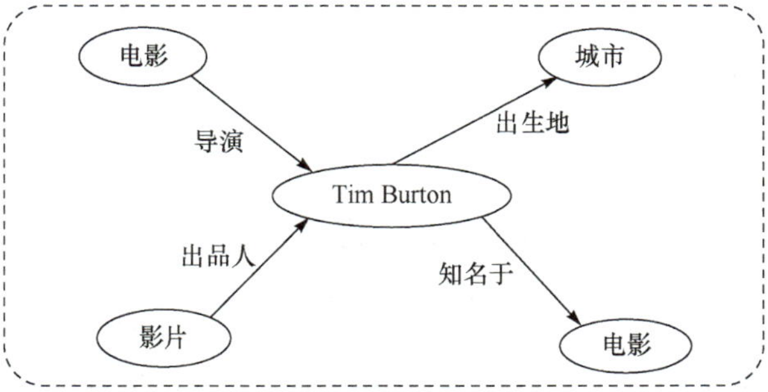

图 6.8　Tim Burton 的泛化局部知识森林子图

本节所提出的嵌入表示学习方法首先定义节点 $v\in V$ 在给定其泛化局部知识森林子图 $G_G(v)$ 时的条件概率如下：

$$P\left(v \mid G_G(v)\right)=\frac{\exp\left(f_1\left(v,G_G(v)\right)\right)}{\sum_{v'\in V}\exp\left(f_1\left(v',G_G(v)\right)\right)} \tag{6.10}$$

式中，$f_1\left(v',G_G(v)\right)$是用来度量任意节点$v'\in V$与$G_G(v)$关联度的函数，并且该式可以被理解为计算节点$v$与其泛化局部知识森林子图的匹配度。本节采用 TransE 的翻译机制对$f_1\left(v',G_G(v)\right)$进行定义：

$$f_1\left(v',G_G(v)\right)=-\frac{1}{\left|G_G(v)\right|}\left(\sum_{(v,e,\hat{v}_c)\in G_G(v)}\left\|\boldsymbol{v}'+\boldsymbol{e}-\hat{\boldsymbol{v}}_{\boldsymbol{c}}\right\|_2^2+\sum_{(\hat{v}_c,e,v)\in G_G(v)}\left\|\hat{\boldsymbol{v}}_{\boldsymbol{c}}+\boldsymbol{e}-\boldsymbol{v}'\right\|_2^2\right) \tag{6.11}$$

式中，$\left|G_G(v)\right|$是$G_G(v)$的大小。

通过最大化V中所有节点的联合概率学习知识森林中节点的嵌入向量，具体如下：

$$O_v=\sum_{v\in V}\log_2 P\left(v \mid G_G(v)\right) \tag{6.12}$$

类似地，定义边$e\in E$在给定其泛化局部知识森林子图时的条件概率如下：

$$P\left(e \mid G_G(e)\right)=\frac{\exp\left(f_2\left(e,G_G(e)\right)\right)}{\sum_{e'\in E}\exp\left(f_2\left(e',G_G(e)\right)\right)} \tag{6.13}$$

式中，$f_2\left(e',G_G(e)\right)$是用来度量任意边$e'\in E$与$G_G(e)$的关联度的函数，并且该式可以被理解为计算边$e$与其泛化局部知识森林子图的匹配度。$f_2\left(e',G_G(e)\right)$基于 TransE 的翻译机制定义如下：

$$f_2\left(e',G_G(e)\right)=-\frac{1}{\left|G_G(e)\right|}\left(\sum_{(v,e,\hat{v})\in G_G(e)}\left\|\boldsymbol{v}+\boldsymbol{e}'-\hat{\boldsymbol{v}}\right\|_2^2\right) \tag{6.14}$$

式中，$\left|G_G(v)\right|$是$G_G(e)$的大小。

边嵌入向量学习的目标函数即为最大化E中所有边的条件概率，定义如下：

$$O_e=\sum_{e\in E}\log_2 P\left(e \mid G_G(e)\right) \tag{6.15}$$

最后，本节通过最大化知识森林中所有节点与边的联合条件概率学习知识森林的嵌入向量表示，如式(6.16)所示：

$$O=\lambda_v O_v+\lambda_e O_e \tag{6.16}$$

式中，λ_v与λ_e是预先设置的权重系数。

知识森林的规模巨大，直接计算式(6.10)与式(6.13)是低效甚至不可行的。因此，本节采用 Mikolov 等[184]提出的负采样方法来估算。以式(6.10)为例，可以通过如下公式估算得到：

$$P\left(v \mid G_G(v)\right) \approx \sigma\left(f_1(v, G_G(v))\right) \cdot \prod_{v' \in \mathcal{V}_N^v}^{n} \sigma\left(-f_1(v', G_G(v))\right) \tag{6.17}$$

式中，n 是负采样中所得到的负例个数；$\sigma(\cdot)$ 是 sigmoid 函数；v' 是通过在负例集合 $\mathcal{V}_N^v$ 的均匀分布中的随机采样得到的某一个负例。并且，对于任意负例 v'，本节要求 $G_G(v') \cap G_G(v) = \varnothing$。

由于利用知识森林中节点与边的泛化局部知识森林子图进行嵌入学习，而泛化局部知识森林子图又代表了节点与边的上下文信息，可以学习得到包含上下文信息的嵌入向量。同时，根据式(6.10)与式(6.13)可知，在嵌入向量空间中，知识森林中语义相近的节点与边的嵌入向量表示相互接近。

同时，由于在嵌入学习的条件概率公式，即式(6.11)与式(6.14)中，采用了 TransE 的翻译机制计算某一节点或边与给定的泛化局部知识森林子图之间的匹配程度，学习到的嵌入向量也保留了翻译机制。

TransE 等现有嵌入表示学习方法仅关注 RDF 图中已有的三元组，因此仅用于表示实体节点自身之间，以及实体节点与其所对应类别节点之间的关系。本节所提出的嵌入表示学习方法还可以学习实体节点与其他类别节点，以及类别节点自身之间的关系。这是通过将局部知识森林子图中的实体节点替换为其各自对应的类别节点，并生成泛化局部知识森林子图进行嵌入表示学习而实现的。

3. 线上知识碎片查询

完成线下阶段知识森林的嵌入表示学习后，模型基于该嵌入表示实现线上知识碎片的结构化查询。模型的线上部分主要包括三个模块：短语映射、结构计算与查询生成。图 6.9 以问题“For the topic of data structure, what is the pop operation of stack?”为例，展示了模型线上部分的框架。

首先介绍短语映射模块。给定一个自然语言问题 Q，模型从中抽取实体短语 $\{\text{ent}_1, \text{ent}_2, \cdots, \text{ent}_n\}$ 与关系短语 $\{\text{rel}_1, \text{rel}_2, \cdots, \text{rel}_m\}$。然后，对于每一个抽取到的实体短语和关系短语，在知识森林中搜索其对应的节点与边，构成该实体短语与关系短语的候选匹配集合。例如，对于图 6.9 中的问题，可以从中抽取得到实体短语“what”“stack”“data structure”，以及关系短语“pop operation”“topic”。在此，将实体短语 $\{\text{ent}_1, \text{ent}_2, \cdots, \text{ent}_n\}$ 与关系短语 $\{\text{rel}_1, \text{rel}_2, \cdots, \text{rel}_m\}$ 所对应的候选匹配集合分别记为 $\{C_v^1, C_v^2, \cdots, C_v^n\}$ 与 $\{C_e^1, C_e^2, \cdots, C_e^m\}$。

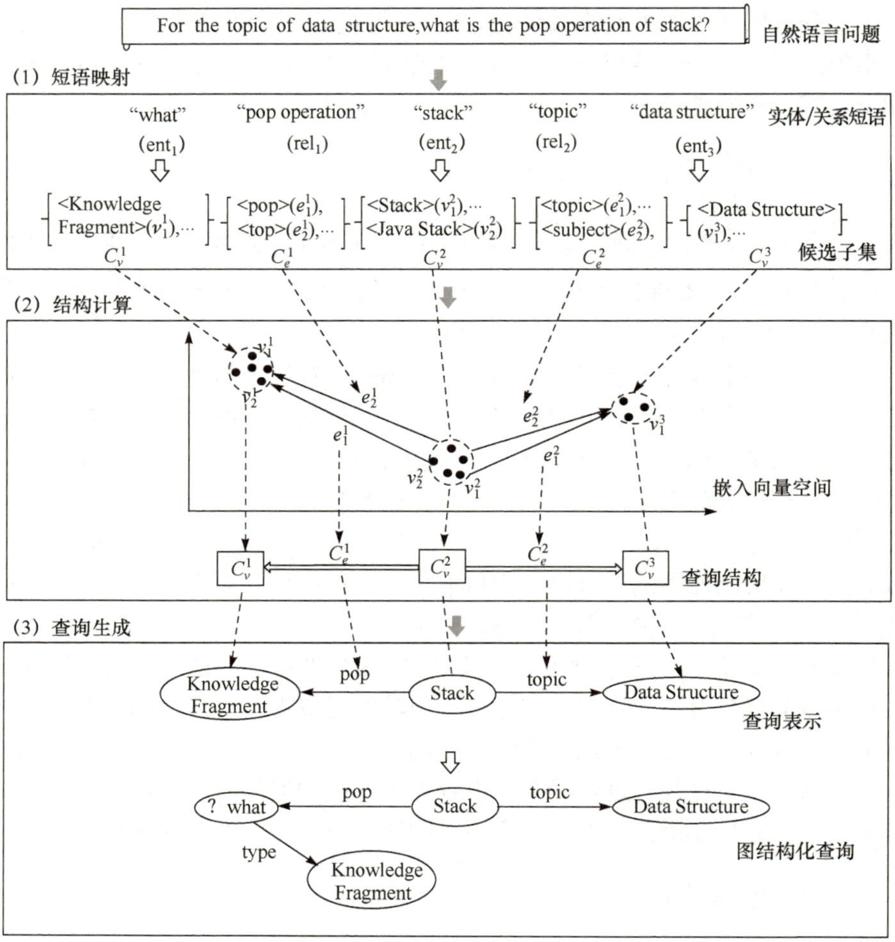

图 6.9　模型线上部分的框架图

其次介绍结构计算模块。模型利用上一模块中得到的候选匹配集合计算目标结构化查询的最优拓扑结构。如图 6.9 所示，结构计算过程是在线下阶段学习到的嵌入向量空间中进行。由于实体短语与关系短语的映射结果通常具有相似的语义，同一候选匹配集合中的节点与边在嵌入向量空间中保持了相互靠拢的分布。在结构计算模块，模型将实体短语与关系短语所对应的候选匹配集合视为一个整体，并基于候选匹配集合中节点与边的嵌入向量计算该集合在嵌入向量空间中的表示。具体而言，对于候选匹配节点集合 C_v 与候选匹配边集合 C_e，它们的嵌入向量表示如下：

$$\boldsymbol{C}_v = \frac{1}{|C_v|}\sum_{v \in C_v} \boldsymbol{v} \tag{6.18}$$

$$\boldsymbol{C}_e = \frac{1}{|C_e|}\sum_{e\in C_e}\boldsymbol{e} \tag{6.19}$$

模型将候选匹配节点集合与候选匹配边集合分别视为嵌入向量空间中的独立节点与边，并利用它们构成目标结构化查询所有可能的拓扑结构。为便于形式化表示，在此定义结构矩阵表示目标查询所有可能的拓扑结构。

定义 6.4　结构矩阵。给定 n 个候选匹配节点集合 $\left\{C_v^1, C_v^2, \cdots, C_v^n\right\}$ 与 m 个候选匹配边集合 $\left\{C_e^1, C_e^2, \cdots, C_e^m\right\}$，一个目标查询可能的拓扑结构可被记为如下的结构矩阵：

$$M_S = \begin{bmatrix} m_{1,1} & m_{1,2} & \cdots & m_{1,n} \\ m_{2,1} & m_{2,2} & \cdots & m_{2,n} \\ \vdots & \vdots & & \vdots \\ m_{n,1} & m_{n,2} & \cdots & m_{n,n} \end{bmatrix}$$

对于矩阵 M_S 中的任意元素 $m_{i,j}$，如果 $m_{i,j}=k$，那么在该拓扑结构中候选节点集合 C_v^i 被候选边集合 C_e^k 链接到了候选节点集合 C_v^j。另外要求结构矩阵应满足以下五条限制：①若 $i=j$，则 $m_{i,j}=0$；②若 $m_{i,j}>0$，则 $m_{j,i}=0$；③结构矩阵 M_S 中非零元素的数量应该为 m；④对于任意整数 α，若 $0<\alpha<n+1$，则 $\sum_{i=1}^{n} m_{i,\alpha} + \sum_{j=1}^{n} m_{\alpha,j} > 0$；⑤对于任意整数 β，若 $0<\beta<m+1$，则 M_S 中应存在元素 $m_{i,j}=\beta$。

以图 6.9 中示意的拓扑结构为例，其所对应的结构矩阵为

$$M_S = \begin{bmatrix} 0 & 0 & 0 \\ 1 & 0 & 2 \\ 0 & 0 & 0 \end{bmatrix}$$

鉴于真实世界中自然语言问题通常仅包含有限的实体短语与关系短语，一般情况下，除去对变量进行类别限制的三元组模式外，自然语言问题所对应的目标结构化查询中仅包含不超过 3 个三元组模式。因此，对于一个自然语言问题，其目标结构化查询可能的拓扑结构数量较有限，依照上述过程生成所有目标查询可能的拓扑结构及其对应的结构矩阵完全可行。

下面，模型利用 TransE 的翻译机制对所有生成的结构矩阵进行评估，具体公式如下：

$$f_3(M_S)=\sum_{m_{i,j}>0}\left\|\boldsymbol{C}_{\boldsymbol{v}}^{i}+\boldsymbol{C}_{\boldsymbol{e}}^{m_{i,j}}-\boldsymbol{C}_{\boldsymbol{v}}^{j}\right\|_2^2 \tag{6.20}$$

对于某一结构矩阵 M_S'，如果根据式(6.20)计算得到的损失值 $f_3(M_S')$ 是所有可能的结构矩阵中最小的，那么 M_S' 代表的拓扑结构为目标结构化查询的最优结构。

最后介绍查询生成模块。在确定最优查询结构后，模型从候选匹配集合中选取具体的匹配节点与边，构成最终的结构化查询。该过程同样也在嵌入向量空间中通过计算完成。例如，图 6.9 所示的最终结构化查询为{(?what, type, Knowledge Fragment), (Stack, pop, ?what), (Stack, topic, Data Structure)}。具体而言，模型首先从 $\left\{C_v^1,C_v^2,\cdots,C_v^n\right\}$ 与 $\left\{C_e^1,C_e^2,\cdots,C_e^m\right\}$ 中的每一个候选匹配集合选择一个候选匹配节点或候选匹配边，并依照计算得到的最优拓扑结构生成所有可能的候选查询表示。如图 6.9 所示，某一候选查询表示可以被记为 $Q_R=\left\{\left(v_h^1,e^1,v_t^1\right),\left(v_h^2,e^2,v_t^2\right),\cdots,\left(v_h^m,e^m,v_t^m\right)\right\}$。然后，模型通过式(6.21)基于 TransE 的翻译机制计算候选查询表示 Q_R 的损失值：

$$f_4(Q_R)=\sum_{(v_h,e,v_t)\in Q_R}\left\|\boldsymbol{v}_{\boldsymbol{h}}+\boldsymbol{e}-\boldsymbol{v}_{\boldsymbol{t}}\right\|_2^2 \tag{6.21}$$

对于某一候选查询 Q_R'，如果其依照式(6.21)计算得到的损失值 $f_4(Q_R')$ 相对其他候选查询而言是最小的，那么 Q_R' 为最优候选查询。将 Q_R' 中的类别节点替换为变量，并以原类别节点作为变量的约束，即可得到目标结构化查询。最后，通过在知识森林上执行结构化查询，将相应的知识碎片返回给用户。

6.3.3　测试验证

本章所介绍的模型可以根据给定的自然语言问题生成结构化查询，通过在 RDF 图中匹配所生成的查询得到自然语言问题的答案。为了说明所提出模型的有效性与效率，本节在 RDF 图 DBpedia[185]上，采用智能问答领域的基准数据集 QALD[186]对模型进行实验验证。具体来说，DBpedia 是开放领域的大规模 RDF 图，其中包含从维基百科中抽取得到的现实世界关系信息。本节应用 DBpedia-2015 的英文版本，其中包含 6.7M 个节点、1.4K 条边和 583M 个三元组。QALD[186] 是一系列基于 RDF 图的智能问答挑战，本节采用第六届挑战，即 QALD-6 中“多语言智能问答”任务所公布的 100 条测试自然语言问题作为实验的自然语言问题集合。

本节所有的实验均是在一个装配有 Intel Core i7 3.40GHz CPU 与 128GB 内存的 Ubuntu-14.04.1 服务器上进行的，并且设置嵌入向量表示为 100 维，式(6.16)中的参数 $\lambda_v=0.5$， $\lambda_e=0.5$。实验评价指标包括召回率(recall)、精确率(precision)和 $F1$ 系数。其中，召回率指的是模型所返回的正确答案在标准答案集合中所占的比例；精确率指的是在模型返回的所有答案中正确答案所占的比例；$F1$ 系数则是由召回率与精确率计算得到的一个综合评价指标，其具体计算公式如下：

$$F1 = \frac{2 \cdot \text{Precision} \cdot \text{Recall}}{\text{Precision} + \text{Recall}} \tag{6.22}$$

在上述设置下，表 6.2 展示了本节模型与 RFF[169]、NFF[169]，以及所有参加 QALD-6 “多语言智能问答” 任务模型的对比结果。其中 Processed 指的是模型在实验中所处理的测试自然语言问题的数量。表 6.2 中的召回率与精确率是相对于具体模型所处理的问题个数计算得到的，而 $F1$ 系数则是相对于问题的总数量(100 个)计算得到的。虽然 NbFramework[186]模型在召回率与精确率上均取得了优秀的表现，但是其 $F1$ 系数却很低，这是由于 NbFramework 仅回答了 63 个问题。从表 6.2 可以得到以下三个现象。

表 6.2　QALD-6 测试集上各模型的对比结果

模型	Processed	召回率	精确率	$F1$ 系数
CANaLI[187]	100	0.89	0.89	0.89
本节模型	100	0.73	0.85	0.79
NFF[169]	100	0.70	0.89	0.78
UTQA[186]	100	0.69	0.82	0.75
KWGAnswer[186]	100	0.59	0.85	0.70
RFF[169]	100	0.43	0.77	0.55
NbFramework[186]	63	0.85	0.87	0.54
SemGraphQA[186]	100	0.25	0.70	0.37
UIQA(manual)[186]	44	0.63	0.54	0.25
UIQA[186]	36	0.53	0.43	0.17

(1) 根据 $F1$ 系数排名，本节模型排在第二位，次于 CANaLI 模型[187]。但是，CANaLI 模型只可以回答由受控自然语言(controlled natural language)所表达的自然语言问题，而本节模型没有这一限制，因此本节模型仍然是最有竞争力的。

(2) 在处理了所有测试自然语言问题的模型中，本节模型取得了仅次于 CANaLI 模型和 NbFramework 模型的召回率，这一表现基于以下原因：首先，模型在线下阶段学习 RDF 图的嵌入表示。其次，在所学习到的嵌入向量空间中进行结构化查询的结构计算与查询生成过程。由于嵌入表示包含了 RDF 图的结构信息，本节模型所生成的结构化查询与底层 RDF 图在结构上保持了一致，避免了“语义鸿沟”问题。再次，本节模型在结构计算过程中将候选匹配集合看作一个整体，可以避免在最后的查询生成之前对短语映射结果进行细粒度的筛选，提高了短语映射的召回率。最后，由于模型应用了 TransE 的翻译机制对所生成的候选查询表示进行评估，所选出的实体短语与关系短语的具体匹配节点与边是全局最优的结果。

(3) 在所有处理了全部测试自然语言问题的模型中，本节模型在精确率上的表现排在第四名，次于 CANaLI 模型，这是由于本节模型直接采用了现有的短语映射方法，而该方法独立于其他模块，并且没有针对结构化查询生成问题进行优化，因此在短语映射任务中出现了一些错误的结果。

自然语言问题的结构化查询构建是一个线上过程，用户在输入一个问题后需要等待的时间取决于模型的时间消耗，因此模型的效率问题也至关重要，在此对本节模型回答自然语言问题的平均时间消耗进行统计与分析。表 6.3 所报告的是本节模型中各个模块的平均时间消耗。由表中数据可知，短语映射模块所花费的时间远多于其他模块，这归咎于底层 RDF 图的巨大规模。由于本节模型基于线下部分所学习到的嵌入向量表示计算最优的查询结构与短语映射结果，结构计算和查询生成与执行模块的时间消耗较低。模型处理一个自然语言问题平均需要 609.2ms，这一时间消耗是完全可以接受的。

表 6.3　本节模型中各个模块的平均时间消耗

模块	平均时间消耗/ms
短语映射	475.1
结构计算	29.3
查询生成与执行	104.8

6.3.4　未来知识森林碎片检索挑战

随着课程与领域知识的不断扩充，知识森林不仅在规模上不断增大，其模式的复杂性也相应提高，这为本节所关注的知识碎片检索任务带来了更大的挑战。下面总结三个未来在知识森林中进行碎片检索所需要考虑的挑战与可能的解决方法。

(1) 知识森林中出现更多的多级分面所导致的问题。本节所提出的嵌入表示学习模型在训练过程中希望知识森林中的节点与边有着相近规模的邻居节点与边，这样其泛化局部知识森林子图的规模相近，便于模型取得更好的学习效果。但是，随着领域知识的扩充，知识森林中的实例化主题分面树会包含越来越多的多级分面。其作为一个树状结构，必然导致不同节点与边的泛化局部知识森林子图的规模有较大的差距，不利于嵌入表示学习。为了解决该问题，未来可以在嵌入表示训练过程中对节点与边的泛化局部知识森林子图进行采样。

(2)知识森林中存在空节点所导致的问题。知识森林的多级分面通常会导致空节点的出现，以“堆栈”为例，其具有一级分面“操作”，以及“操作”下的“出栈”与“入栈”等二级分面。以三元组的形式表示为<堆栈，操作，节点 0>、<节点 0，出栈，节点 1>与<节点 0，入栈，节点 2>，三元组中的节点 0 为空节点。本节提出的知识森林嵌入表示学习方法基于知识森林中节点与边的泛化局部知识森林子图学习其嵌入表示。之所以将其命名为“泛化”，是因为模型希望利用节点与边在知识森林中的邻居节点与边的类别信息表示该节点与边的上下文。然而，首先空节点没有类别信息，不能被用于表达其他节点的上下文。其次空节点自身的语义并不明确，其上下文表示应与其他类别节点不同。对于该问题，可尝试对知识森林中包含空节点的部分进行改写，从而在嵌入表示学习时避免空节点的出现。

(3)知识森林模式复杂性所带来的问题。知识森林作为结构化的 RDF 图，与非结构化的自然语言问题之间存在一定的“语义鸿沟”问题[170]。随着知识森林中领域内容的扩充，其对某些知识的表达模式更为复杂，“语义鸿沟”问题的影响会更显著。为了解决这一问题，可尝试在结构化查询构建中增加与用户的交互，使用户对知识森林中相关内容的表达模式更为了解，从而撰写更相符的自然语言问题。

6.4　知识碎片检索的 why-not 问题

本节首先对知识碎片检索中 why-not 问题[188-189]进行分析，其次提出一种基于嵌入表示学习的 why-not 问题解释模型，最后对模型的有效性与效率进行验证。

6.4.1　why-not 问题概述

用户在进行知识碎片检索时可能遇到的一个问题：对于一个返回了空结果或者非预期结果的结构化查询，怎样对其修改从而获得期望的检索结果？由于对知识森林和结构化查询语言的技术细节缺乏了解，非专业用户通常无法自主完成修改。此时，应由检索模型对查询过程中存在的问题进行分析，并解释为什么没有返回用户所期待的结果，从而帮助用户审视自己的查询意图并进一步修改查询。这一问题为知识碎片检索中的 why-not 问题。

知识碎片检索的 why-not 问题可能在三种情况下出现：①输入的结构化查询中存在拼写或语法错误等技术性错误，该情况可通过设置拼写与语法检查器解决；②知识森林不包括所要查询的知识碎片，在该情况下不存在对查询的解释问题；③输入的结构化查询在拼写与语法上完全正确，并且知识森林也包含相应的内容，但是用户没有正确地表达其查询意图。例如，当某用户在学习 Java 编程时，想要详细了解双向链表(doubly linked list)的相关信息，但是错误地认为数组表(array list）也是由双向链表实现的，并输入了如下结构化查询：

```
SELECT ?x
WHERE{
    <Array List, doubly linked
list,?x>.
    <?x, a, Knowledge Fragment>
}
```

在执行完查询后用户发现所返回的结果为空，此时的 why-not 问题为“为什么上述结构化查询没有返回任何结果？”。

前两种情况较为简单，且属于各类型数据库在进行查询时都可能出现的共性问题，因此本节考虑第三种 why-not 场景。

6.4.2 基于嵌入表示的 why-not 问题解释模型

本节提出一种基于嵌入表示的 why-not 问题解释模型[190]，下面通过一个例子介绍模型的主要过程：假设某用户想要查找在美国上映，并且由 Tim Burton 所导演的剧情片。于是其输入了相应的结构化查询：{(?film, director, Tim Burton), (?film, country, United States), (?film, type, drama film)}。但是，如图 6.10 左侧所示，用户输入的查询没有返回任何结果。该结构化查询中的 Tim Burton、director、country、United States、type 和 drama films 等节点与边可以被视为查询的约束条件，它们应该与 RDF 图中的具体节点与边进行匹配，但是这些匹配要求过于严格，导致返回结果为空的 why-not 问题。此时，用户无法确定具体是哪个节点与边的设置过于严格，也难以对查询进行相应的修改。

本节所提出的模型首先估算查询变量在嵌入表示空间中的向量表示，通过在嵌入空间中进行搜索得到近似的查询结果，并进一步生成 why-not 问题的解释。图 6.10 右侧展示了被查询的 RDF 图在嵌入向量空间中的理想表示，即语义相似的节点在嵌入向量空间中相互靠近。例如，由于 drama film (v_3)与 fantasy film (v_5)在语义上较为相似，它们的嵌入向量表示 $\boldsymbol{v}_3$ 与 $\boldsymbol{v}_5$ 也相互靠近。RDF 图中的边在嵌入向量空间中表示为节点之间的翻译操作。例如，RDF 图中存在三元组(Sleepy Hollow (v_4), type (e_3), fantasy film (v_5))，因此在嵌入空间中 $\boldsymbol{v}_4+\boldsymbol{e}_3\approx\boldsymbol{v}_5$ 成立。这样，即使结构化查询所定义的答案不存在，仍然可以在嵌入向量空间中基于翻译机制估算答案的向量表示。例如，可基于 (v_v, e_1, v_1) 计算 $\boldsymbol{v}_v\approx\boldsymbol{v}_1-\boldsymbol{e}_1$，然后在嵌入向量空间中寻找与 $\boldsymbol{v}_v$ 相近的节点，如将 Sleepy Hollow(v_4)作为该查询的近似结果。

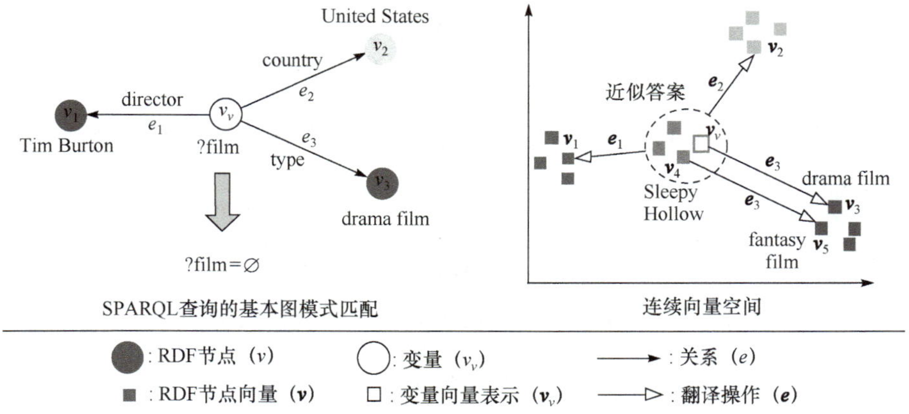

图 6.10　模型解释过程示意图

在得到近似答案后，模型在 RDF 图中基于近似答案生成与给定查询最相近的子图作为 why-not 问题的解释。例如，对于上述的问题，模型可以基于 Sleepy Hollow 生成子图{(Sleep Hollow, director, Tim Burton)，(Sleepy Hollow, country, United States)，(Sleepy Hollow, type, fantasy film)}。通过与原查询对照，用户可以发现是查询中 drama film 的约束过强导致没有返回任何结果，因此只要相应地将 drama film 改为 fantasy film 即可。

本节模型可分为线下与线上两个阶段：在线下阶段，模型利用 RDF 图中节点的上下文信息学习 RDF 图的嵌入表示，该嵌入表示既包含语义信息，又保留 TransE 模型的翻译机制[165]；在线上阶段，模型首先基于所学习到的 RDF 图嵌入表示计算给定查询中变量的向量表示，然后在嵌入向量空间中搜索变量所对应的具体节点作为查询的近似答案，并在 RDF 图中生成与原查询最接近的子图作为 why-not 问题的解释。模型的具体介绍如下。

1. RDF 图嵌入表示学习

下面首先介绍模型在线下阶段学习 RDF 图嵌入表示的方法。在此将 RDF 图记作 $G=(V,E)$，其中 V 是节点集合，即任意节点 $v \in V$，E 是边集合，即任意边 $e \in E$。

基于 RDF 图定义节点的上下文信息如下：

定义 6.5　节点上下文。给定 RDF 图 $G=(V,E)$，任意节点 $v \in V$ 的上下文表示为 $C(v)=\{(e_c,v_c)\mid e_c \in E, v_c \in V, (v,e_c,v_c)\in G \vee (v_c,e_c,v)\in G\}$，其中 e_c 是节点 v 与其邻居节点 v_c 之间的边。

嵌入学习的目标是在保留其上下文的条件下学习嵌入向量。当给定节点 $v \in V$、节点上下文 $C(v)$ 时，节点 v 的条件概率如下：

$$P(v \mid C(v)) = \frac{\exp\left(f_5(v, C(v))\right)}{\sum_{v' \in V} \exp\left(f_5\left(v', C(v)\right)\right)} \tag{6.23}$$

式中，函数 $f_5(v', C(v))$ 用于度量任意节点 v' 与节点 v 的上下文 $C(v)$ 之间的关联度，定义如下：

$$f_5\left(v', C(v)\right) = -\frac{1}{|C(v)|} \sum_{(e_c, v_c) \in C(v)} f_6\left(v', e_c, v_c\right) \tag{6.24}$$

式中，$f_6(v', e_c, v_c)$ 是基于 TransE 翻译机制的损失函数，定义如下：

$$f_6\left(v', e_c, v_c\right) = \begin{cases} \left\|\boldsymbol{v}' + \boldsymbol{e_c} - \boldsymbol{v_c}\right\|_2^2, & \text{if } \left(v, e_c, v_c\right) \in G \\ \left\|\boldsymbol{v_c} + \boldsymbol{e_c} - \boldsymbol{v}'\right\|_2^2, & \text{if } \left(v_c, e_c, v\right) \in G \end{cases} \tag{6.25}$$

模型通过最大化所有节点的联合概率完成线下阶段的嵌入学习：

$$\boldsymbol{O} = \sum_{v \in V} \log_2 P(v \mid C(v)) \tag{6.26}$$

考虑到 RDF 图的巨大规模，直接计算公式(6.23)开销过大，因此本节依然采用负采样方法进行估算。

2. 查询变量的嵌入表示

本模块旨在计算给定查询中变量的嵌入表示，即结构化查询中变量节点的嵌入向量。为与 RDF 图中具体的节点 v 作区分，结构化查询中的变量节点记为 v_v，并且以问号开头表示，如?actor、?movie。

首先对结构化查询的相关概念进行定义。

定义 6.6　基本图模式(basic graph pattern，BGP)。结构化查询中的基本图模式可表示为 $P = \left(V_P \cup V_{vP}, E_P\right)$，$V_P \subseteq V, V_{vP} \subseteq V_v, E_P \subseteq E$，其中 V_v 为 RDF 图的变量集合，即任意节点变量 $v_v \in V_v$。完整的结构化查询记为 SELECT S FROM G WHERE P,其中 P 为基本图模式，G 是 RDF 图，S 为该结构化查询所检索的变量节点集合，即 $S \subseteq V_{vP}$。

定义 6.7　基本图模式子图(sub-basic graph pattern，sBGP)。给定结构化查询的基本图模式 P，针对其中某一变量 $v_{vs} \in V_{vP}$，定义 sBGP 为集合 SP = $\left\{\left(v_{vs}, e_s, v_s\right) \mid \left(v_{vs}, e_s, v_s\right) \in P \cup \left\{\left(v_s, e_s, v_{vs}\right) \mid \left(v_s, e_s, v_{vs}\right) \in P\right\}\right.$，其中 $e_s \in E_P, v_s \in V_P$。

对于任意给定的结构化查询，模型将其中的 BGP 划分为多个 sBGP，每个 sBGP 中都有且仅有一个变量，并且包含了该变量相关的所有三元组模式。例如，对于示例问题“列举出生于纽约，并且出演了由 Tim Burton 所导演的美国剧情片的演员”，其 BGP 的划分如图 6.11 所示，模型将该 BGP 依据变量?film 与?actor

划分为两个 sBGP：sBGP_1 与 sBGP_2。

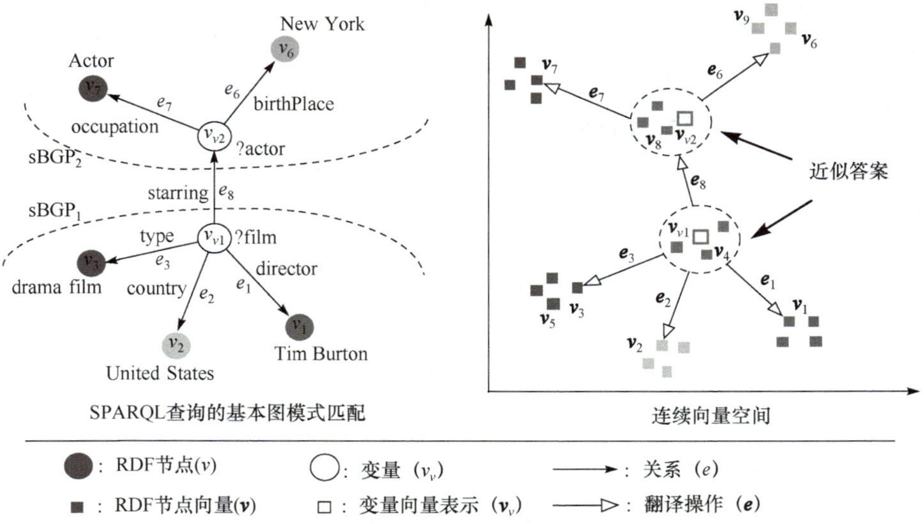

图 6.11　BGP 的划分示意图

下面，模型利用线下阶段所学习到的嵌入表示估算每一个 sBGP 中变量的嵌入向量。假设某一个 sBGP SP 中仅有一个三元组模式 (v_{vs},e_s,v_s) 或 (v_s,e_s,v_{vs})，那么变量 v_{vs} 的嵌入向量通过以下公式估算：

$$\boldsymbol{v}_{vs}=\begin{cases}\boldsymbol{v}_s-\boldsymbol{e}_s, & \text{if } (v_{vs},e_s,v_s)\in \mathrm{SP}\\ \boldsymbol{v}_s+\boldsymbol{e}_s, & \text{if } (v_s,e_s,v_{vs})\in \mathrm{SP}\end{cases} \tag{6.27}$$

对于图 6.11 中的变量?film (v_{v1})，模型基于三元组模式(?film, director, Tim Burton)，即 (v_{v1},e_1,v_1)，计算其初始的向量表示为 $\boldsymbol{v}_{v1}=\boldsymbol{v}_1-\boldsymbol{e}_1$。

在 sBGP SP 中，当变量 v_{vs} 涉及多个三元组模式时，模型会联合考虑所有相关的三元组模式。首先，不同的三元组模式对于变量的向量估算应该有不同程度的影响。例如，图 6.11 中 sBGP_1 包含 3 个三元组模式：(?film, director, Tim Burton)、(?film, country, United States) 和 (?film, type, drama film)。以 DBpedia 为例，其中分别有 24、112336 和 238 个三元组与这 3 个三元组模式相匹配。因此，三元组模式 (?film, director, Tim Burton) 包含更精确的信息，它应该在计算变量?film(v_{v1})的嵌入表示时得到更多关注。本节定义如下函数计算一个三元组模式在估算其中变量的嵌入向量表示时的注意力参数：

$$a(v_{vs},e_s,v_s)=\exp\left(-\frac{\text{number of triples matching } (v_{vs},e_s,v_s) \text{ in } G}{\sum\limits_{(v_h,e,v_t)\in \mathrm{SP}}\text{number of triples matching } (v_h,e,v_t) \text{ in } G}\right) \tag{6.28}$$

式中，分子为 RDF 图中匹配给定三元组模式(v_{vs},e_s,v_s)的三元组个数；分母则为 sBGP SP 中所有三元组模式在 RDF 图中匹配三元组个数之和。例如，对于 sBGP_1 中的三元组模式(v_{v1},e_1,v_1)、(v_{v1},e_2,v_2)和(v_{v1},e_3,v_3)，它们的注意力参数分别为 0.9998、0.3687 和 0.9979；对于 sBGP_2 中的两个三元组模式(v_{v2},e_6,v_6)与(v_{v2},e_7,v_7)，其注意力参数分别为 0.5967 和 0.6165。

基于三元组模式的注意力参数，对于包含多个三元组模式的 sBGP，变量 v_{vs} 的嵌入向量估算公式为

$$\boldsymbol{v}_{vs}=\frac{\sum\limits_{(v_{vs},e_s,v_s)\in \mathrm{SP}\vee(v_s,e_s,v_{vs})\in \mathrm{SP}} a(v_{vs},e_s,v_s)\cdot \boldsymbol{v}_{vs}}{\sum\limits_{(v_{vs},e_s,v_s)\in \mathrm{SP}\vee(v_s,e_s,v_{vs})\in \mathrm{SP}} a(v_{vs},e_s,v_s)} \tag{6.29}$$

以图 6.11 中的 BGP 为例，其中两个变量的计算分别为

$$\boldsymbol{v}_{v1}=0.4225\cdot(\boldsymbol{v}_1-\boldsymbol{e}_1)+0.1558\cdot(\boldsymbol{v}_2-\boldsymbol{e}_2)+0.4217\cdot(\boldsymbol{v}_3-\boldsymbol{e}_3) \tag{6.30}$$

$$\boldsymbol{v}_{v2}=0.4918\cdot(\boldsymbol{v}_6-\boldsymbol{e}_6)+0.5082\cdot(\boldsymbol{v}_7-\boldsymbol{e}_7) \tag{6.31}$$

分别计算所有 sBGP 中变量节点的向量表示后，模型考虑各个 sBGP 之间的关系。对于变量节点 $v_{vs}\in V_{vP}$，如果其与 BGP 中的其他变量节点 $v'_{vs}\in V_{vP}$ 之间存在边，则通过式(6.32)计算最终的嵌入向量表示：

$$\boldsymbol{v}_{vs}=\frac{\sum\limits_{(v_{vs},e,v'_{vs})\in P\vee(v'_{vs},e,v_{vs})\in P} \mathrm{num}(v'_{vs})\cdot f_7(v_{vs},e,v'_{vs})+\mathrm{num}(v_{vs})\cdot \boldsymbol{v}_{vs}}{\sum\limits_{(v_{vs},e,v'_{vs})\in P\vee(v'_{vs},e,v_{vs})\in P} \mathrm{num}(v'_{vs})+\mathrm{num}(v_{vs})} \tag{6.32}$$

式中，$\mathrm{num}(v_{vs})$是指变量 v_{vs} 所在的 sBGP 中三元组模式的个数；函数 $f_7(v_{vs},e,v'_{vs})$ 定义如下：

$$f_7(v_{vs},e,v'_{vs})=\begin{cases}\boldsymbol{v}'_{vs}-\boldsymbol{e}, & \text{if}\,(v_{vs},e,v'_{vs})\in P\\ \boldsymbol{v}'_{vs}+\boldsymbol{e}, & \text{if}\,(v'_{vs},e,v_{vs})\in P\end{cases} \tag{6.33}$$

如果一个变量的嵌入向量是由更多的三元组模式计算得到的，那么该变量应该在计算最终嵌入向量表示时得到更多关注，即其通过函数 $\mathrm{num}(\cdot)$ 计算得到的值更高。这与用户在实际撰写结构化查询时的考虑一致，因为如果某一个变量更为重要，或对于该变量的内容要求更精确，用户往往会使用更多的三元组模式对其进行表示。

3. 近似答案发现与解释生成

基于计算得到的变量向量表示，模型在 RDF 图的嵌入向量空间中搜索给定

查询的近似答案，并抽取给定查询在 RDF 图中最相似的子图，返回该子图作为 why-not 问题的解释。

如前文所述，模型利用节点的上下文信息，使语义相似的节点在嵌入向量空间中相互靠近。对于给定查询中的某一个变量，可以在嵌入向量空间中基于余弦相似度搜索该变量的匹配节点。具体而言，变量 v_{vs} 与 RDF 图中任意节点 v 之间的匹配程度计算如下：

$$\mathrm{sim}(v_{vs}, v) = \frac{\boldsymbol{v}_{vs} \cdot \boldsymbol{v}}{\|\boldsymbol{v}_{vs}\| \cdot \|\boldsymbol{v}\|} \tag{6.34}$$

模型基于式(6.32)搜索变量 v_{vs} 的 Top-k 个相似节点 $V_k = \{v_1, v_2, \cdots, v_k\}$。

当给定的 BGP 中仅包含一个变量 v_{vs}，最近邻搜索得到的相似节点集合 V_k 为最终的近似答案。对于其中的每一个近似结果 $v_i \in V_k$，模型都会在 RDF 图中抽取一个与原 BGP 最近似的子图 SG_i 作为问题解释。具体而言，对于给定 BGP 中的任意三元组模式 (v_{vs}, e_s, v_s)，当变量 v_{vs} 所对应的近似节点为 v，近似子图中应存在一个三元组 (v, e, v') 与该三元组模式最相似，具体如下：

$$(v, e, v') = \underset{(v,e,v')\in G}{\arg\max}\left(\frac{\boldsymbol{e}_s \cdot \boldsymbol{e}}{\|\boldsymbol{e}_s\| \cdot \|\boldsymbol{e}\|} + \frac{\boldsymbol{v}_s \cdot \boldsymbol{v}'}{\|\boldsymbol{v}_s\| \cdot \|\boldsymbol{v}'\|}\right) \tag{6.35}$$

当给定 BGP 中存在多个变量时，模型选择其中的一个变量作为种子变量，并基于该变量确定 BGP 在 RDF 图中的匹配子图。具体而言，首先给定一个 SPARQL 查询语句：SELECT S FROM G WHERE P，模型选择 S 中度最大的变量节点作为种子变量，并通过最近邻搜索确定其匹配节点作为种子答案。其次，对于 P 中所有涉及该种子变量的三元组模式，模型通过相似度计算，确定它们在知识森林中对应的最优匹配三元组。在这一过程中，所有与种子变量之间存在边的其他变量也相应得到 RDF 图中匹配的节点。因此，不需要再针对种子变量的相邻变量进行最近邻搜索。再次，模型将种子变量的相邻变量视为新的种子变量并重复上述过程。最后，通过上述传播过程模型得到整个 BGP 在知识森林中对应的匹配子图，并返回给用户作为 why-not 问题的解释。

6.4.3　测试验证

为了验证所提出模型的有效性与效率，本节进行了三项实验：①RDF 图嵌入表示学习验证；②why-not 问题的解释质量验证；③模型效率验证。下面首先介绍实验中应用的数据集与基准对比模型，然后给出三项实验的详细结果。

依然采用公开的 DBpedia 数据作为 RDF 图，该数据集的详细介绍见 6.3.3 小节。鉴于目前还没有针对本节 why-not 任务的公开基准数据集，本节基于 DBpedia 构建了 20 个存在 why-not 问题的结构化查询，其 BGP 覆盖了不同的拓扑结构，包括星型、链型、环型和复杂型。

为验证所提出的嵌入表示学习方法的有效性，本节选取 TransE[165]模型进行对比。为验证所提出的 why-not 问题解释模型，选取四类相关的查询松弛(query relaxation)方法作为对比，包括：基于相似度 (similarity based，SB)的方法[191]、基于规则(rule based, RB)的方法[192]、基于用户倾向(user propensity based，UPB)的方法[193]和基于协同技术(collaborative techlogy based，CTB)的方法[194]。同时，本节还将仅应用 TransE 学习嵌入表示的所提模型作为一个对比方法。

1. RDF 图嵌入表示学习验证

本节所提出的 RDF 图嵌入表示学习方法具有两个特性：①语义相似的节点在嵌入向量空间中保持相互靠近；②保留了 TransE 模型的翻译机制，即对于 RDF 图中的任意三元组 (v,e,v')，要求嵌入向量表示满足 $\boldsymbol{v}+\boldsymbol{e}\approx\boldsymbol{v}'$。

为了对第一个特性进行验证，本节利用 t-SNE①将多个节点通过 TransE 以及所提嵌入表示方法的训练结果映射到二维空间中，如图 6.12 所示。可以看出，相比于 TransE 的训练结果，本节的嵌入表示方法所学习到的语义相似节点呈现相互靠近的分布。

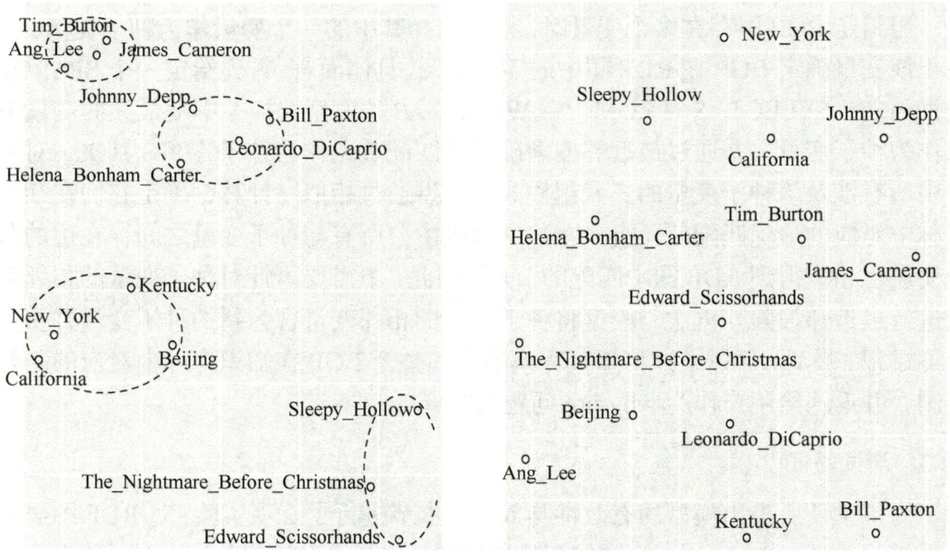

图 6.12　t-SNE 二维空间

为了对嵌入表示方法的翻译机制进行验证，本节进行了链接预测实验[165]，并采用 Mean Rank 与 Hits@10 作为评价指标。具体而言，对于某一个测试三元组

① t-SNE，由 Hinton 和 lvdmaaten 提出的一种数据可视化的工具，能够将高维数据降到二维或三维。

(v_h, e, v_t)，去掉其头节点 v_h 或尾节点 v_t，然后基于嵌入表示的翻译机制，即 $\boldsymbol{v}_t - \boldsymbol{e}$ 或 $\boldsymbol{v}_h + \boldsymbol{e}$，预测被去掉的节点，并将所有预测结果按照翻译机制计算的损失值排序。Mean Rank 指正确结果在预测结果中的平均排序，该值越低越好；Hits@10 指正确结果被排在所有预测结果中前 10%的比例，该值越高越好。本节所提出的嵌入表示方法的 Mean Rank 为 8.01，Hits@10 为 83.98，而 TransE 模型的 Mean Rank 为 8.00，Hits@10 为 84.01。根据以上结果可知，本节的嵌入表示学习方法较好地保留了 TransE 模型的翻译机制。

2. why-not 问题的解释质量验证

本实验选取了 10 名计算机专业的同学作为评估者对模型生成的问题解释进行评估。具体评价指标有两个：近似答案与原查询的匹配程度（记作 Sat）、why-not 问题解释与原查询的相似程度（记作 Sim）。两个评价指标均为 5 分制，即 0 代表“消极”；1 代表“弱消极”；2 代表“中性”；3 代表“弱积极”；4 代表“积极”。本节还计算了用户所给出的评分与模型在搜索过程中计算得到的相似度之间的皮尔逊相关系数（Pearson correlation coefficient，PCC）。具体模型有效性对比结果如表 6.4 所示，表中 Top-k 指模型在 RDF 图中匹配种子答案的个数。

表 6.4　模型有效性对比结果

模型	Top-k	Top-1		Top-5		Top-10	
	指标	Sat	Sim	Sat	Sim	Sat	Sim
本节模型	平均分数	3.50	3.25	2.72	2.61	1.86	1.82
	PCC	0.54	0.51	0.53	0.48	0.52	0.49
TransE 版本	平均分数	0.85	0.33	0.30	0.20	0.24	0.09
	PCC	0.12	0.07	0.06	-0.05	0.07	0.02
SB[191]	平均分数	3.20	3.00	2.45	2.05	1.87	1.77
	PCC	0.43	0.41	0.41	0.36	0.43	0.37
RB[192]	平均分数	3.05	3.00	2.50	2.21	1.87	1.74
	PCC	0.40	0.39	0.42	0.40	0.41	0.38
UPB[193]	平均分数	2.85	2.75	2.11	1.60	1.45	1.21
	PCC	0.33	0.29	0.32	0.26	0.33	0.27
CTB[194]	平均分数	2.70	2.75	2.16	1.62	1.43	1.18
	PCC	—	—	—	—	—	—

由表 6.4 可知，首先本节模型与其他基准模型相比，在 Sat 与 Sim 评价指标上均有显著提高，其原因是本节模型在嵌入表示空间中对查询变量与近似答案进

行直接的相似度计算，该计算是基于嵌入表示所学习到的语义。其次，本节模型的 PCC 值普遍比其他基准模型高，其原因是节点的嵌入表示是基于 RDF 图中的语义信息训练的，与其他模型所应用的本体信息与统计语言模型等技术相比，更加精确和信息丰富。这一结果证明，模型所采用的相似度计算方法，即式(6.34)和式(6.35)，与用户的真实体验更为一致。最后，随着 Top-*k* 中 *k* 的增大，所有模型的表现均受到了影响，这是由于与查询变量相似度更低的答案也被返回了。但是，由于本节模型会将相似度计算的结果从最优开始降序排列，方便于用户的阅读与理解。相比于其他模型，本节模型仍然具有优势。

3. 模型效率验证

本节模型处理一个 why-not 问题的平均时间消耗为 1.13s。虽然 why-not 问题的解释是一个线上任务，但是该时间消耗仍然是可接受的。为进一步证明模型的效率，本节与其他基准模型在 20 个测试查询(Q1～Q20)上进行了时间比较，如图 6.13 所示。可以观察到本节模型的时间消耗显著低于其他对比模型，这是由于模型的近似节点搜索与解释子图生成等过程均是在嵌入表示空间中进行。相比于其他基于传统图算法的解释生成，在嵌入表示空间中进行数值计算的效率更高。

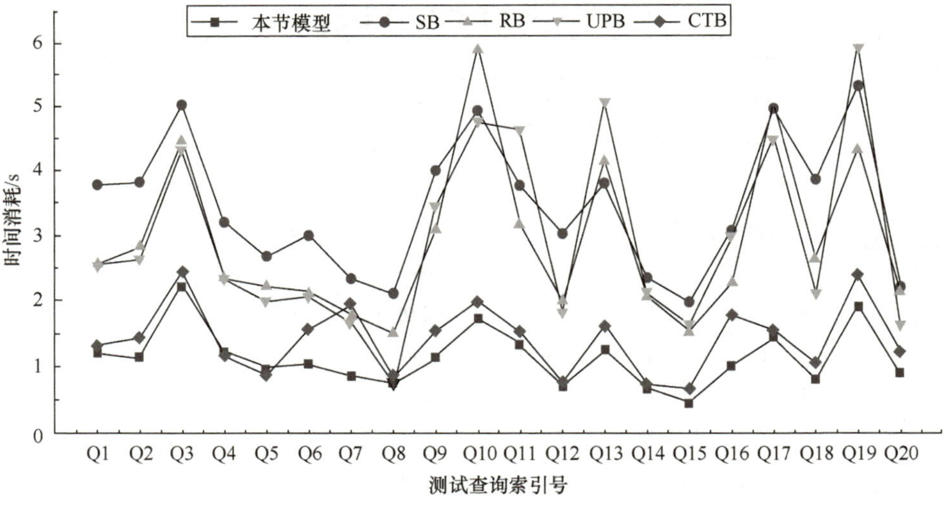

图 6.13 模型时间消耗对比

6.5 小结

本章首先以认知模型与随机游走中心度理论为指导，提出“先验知识集生成-最小补偿集生成-基于用户反馈的中心度与难度计算-学习序列生成”四阶段的学习路径规划方法；其次，提出“分面及关系挖掘-可对比知识主题匹配-分面内容抽取”三阶段的可对比知识主题生成方法，并详细介绍第二阶段中可对比知识主题匹配的详细过程；最后，提出一种基于嵌入表示学习的知识碎片检索方法和 why-not 问题解释模型。

第 7 章　知识森林可视化

7.1　概　　述

目前构建的知识森林数据集已涵盖 19 个学科、295 门课程，包括每个课程下知识主题间的认知依赖关系、知识主题下的树形分面结构、知识主题特定分面下的知识碎片等类型的数据。庞大的知识森林数据集若不加处理直接被学习者使用，会让学习者无从下手，加剧学习迷航问题，因此需要用到 2D 数据可视化、增强现实（augmented reality，AR）等技术，通过图形化手段将数据映射到不同的视觉通道，再通过多粒度自然交互方式，使复杂的数据更易理解和使用，帮助用户深入认识数据[195]。

7.2　2D 可 视 化

结合 2D 数据可视化技术，多粒度可视化知识森林，使学习者高效、便捷地使用知识森林聚合结果，成为知识森林聚合模型应用的关键。对知识森林聚合结果分析可知，其中分面树数据是“主题—分面—碎片化知识”的树形结构，课程下知识主题间的认知依赖关系是有向无环图(directed acycline graph, DAG)结构。树形结构与有向无环图结构均属于层次数据范畴，国内外学者在层次数据可视化上已有广泛研究。由于知识森林数据集的复杂性以及知识森林可视化任务的独特性，现有层次数据可视化方法无法完整显示层次结构，造成认知的片面；或者畸变率①高，造成学习者的认知负担；或者内容遮蔽，降低交互体验，均造成知识森林可视化困难重重。

为了节省手动布局知识森林的人力开销，缓解学习者学习中的认知迷航问题，本节设计主题分面树和主题间认知关系图的层次化自动布局算法，以及知识森林交互式操作，实现基于知识森林的可视化导航学习系统，为学习者提供多粒度使用知识森林的途径。

7.2.1　国内外相关研究

起源于统计学、计算机图形学、人机交互等学科的数据可视化技术随着各学科的交叉融合被广泛应用于各行各业，大量国内外学者提出了针对不同领域问题的数据可视化方法。知识森林可视化方法主要是对主题分面树和主题间认知关系

① 畸变率：用户交互前后界面的差异程度。

这两类层次数据布局方法以及在此布局上的交互方法的研究，因此本节将对层次数据布局方法和交互方法的国内外研究现状进行介绍。

1. *层次数据布局方法*

层次结构数据属于较为常见的数据结构，如计算机的文件系统、家族谱系图、行政区域关系图、图书分类系统和书籍目录等。有效的层次结构能够显示整体与层次信息，突出数据的关键特征，帮助用户进行决策。层次数据布局方法按表现形式可划分为三类：节点链接(node-link)法、空间填充(space-filling)法和混合(hybrid)法。节点链接法[196-198]使用节点代表数据个体，连线代表数据间的关系；空间填充法[199-201]使用空间区域表示数据个体，位置关系表示数据间的关系；混合法[202-203]集成了若干可视化技术的优点。下面主要介绍这三类 2D 可视化布局方法。

基于节点链接法的可视化技术有空间树(space tree)和双曲树(hyperbolic tree)。Plaisant 等[204]使用空间树对计算机文件目录进行可视化，如图 7.1(a)所示，通过隐藏用户未点击的节点在有限空间显示大型层次结构数据，无法显示完整的层次结构，会造成使用者的认知片面。Lamping 等[205]使用双曲树对电影分类进行可视化，如图 7.1 (b)所示，该方法通过圆锥曲线计算节点位置，用户点击不同节点，所有节点位置都会发生改变，有较高的畸变率，增加使用者的认知负担。

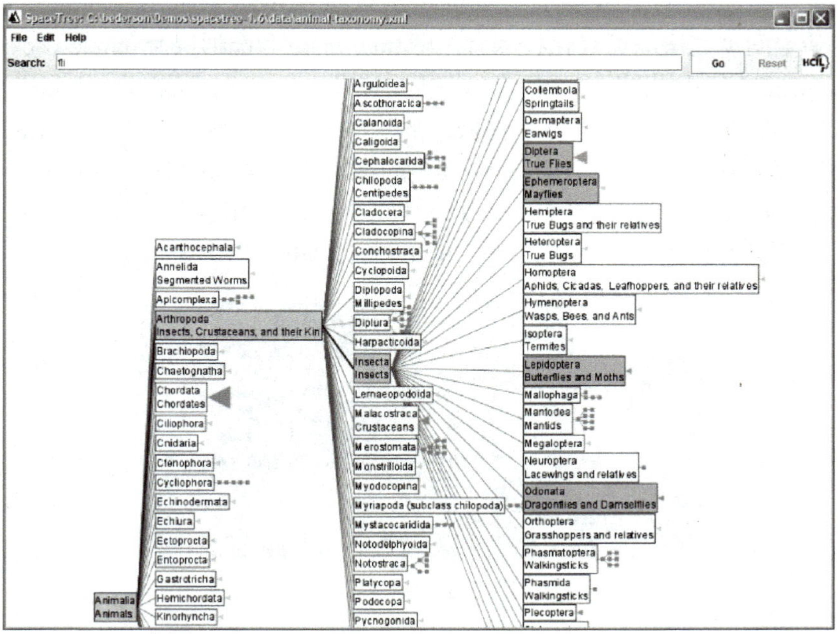

(a) 空间树①

① 使用空间树对计算机文件目录的可视化结果，图来源于 https://www.cs.umd.edu/hcil/spacetree/。

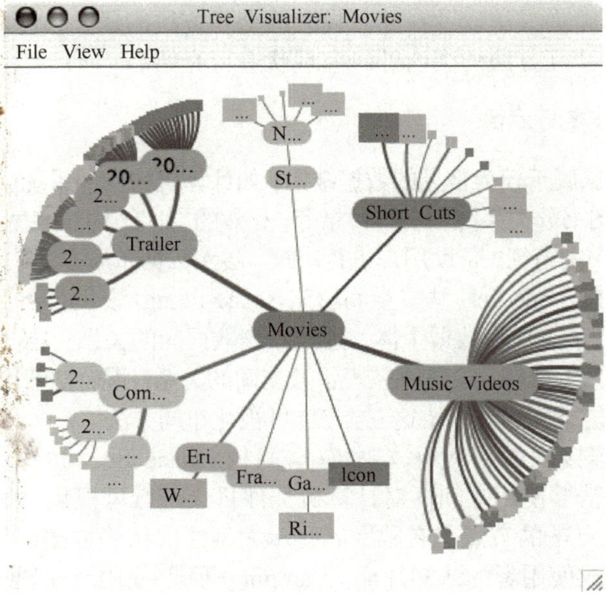

(b) 双曲树①

图 7.1　基于节点链接法的可视化技术

基于空间填充法的可视化技术有树图(tree map)和圆形嵌套(circle packing)。Shneiderman[206]使用树图对各个国家的总人口以及出生率进行可视化，用面积大小表示总人口多少，用颜色表示出生率高低，如图 7.2 (a)所示，该方法空间利用率高，可以清晰地看出各个国家的人口数差异，但较难看出各国家间的地理位置关系。Onak 等[207]使用圆形嵌套方法可视化 Linux 系统的磁盘空间使用情况，如图 7.2(b)所示，使用者可以直观地了解各个目录的大小，但不同目录间的关系不明显。

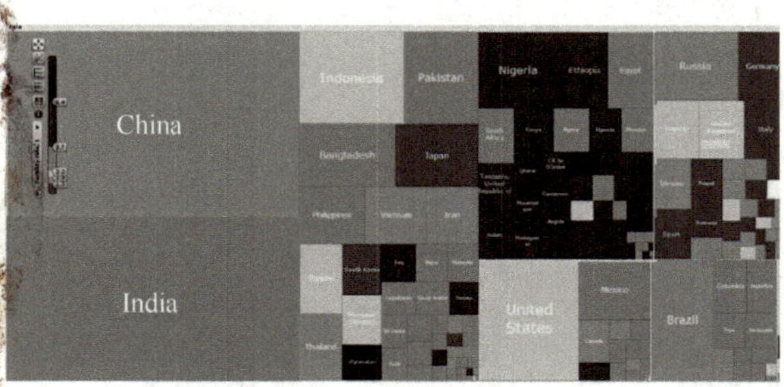

(a) 树图②

① 使用双曲树对电影分类的可视化结果，图来源于 http://www.randelshofer.ch/blog/2007/09/visualizing-large-tree-structures/。

② 使用树图对各个国家面积的可视化结果，图来源于 https://ncva.itn.liu.se/education-geovisual-analytics/treemap?l=en。

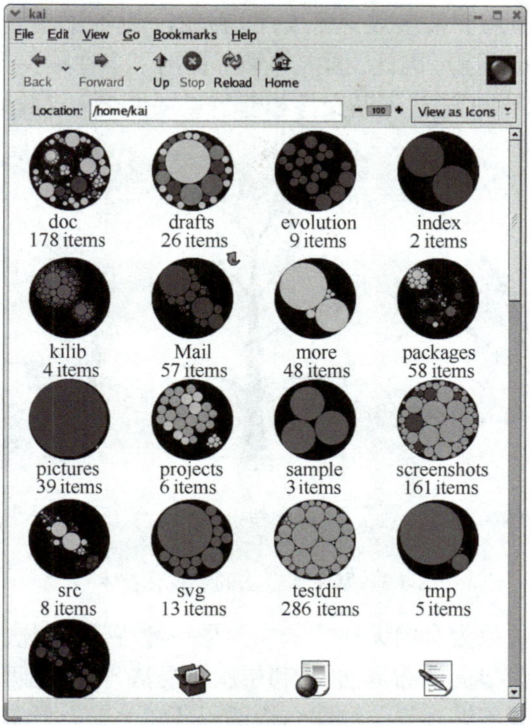

(b) 圆形嵌套①

图 7.2　基于空间填充法的可视化技术

基于混合法的可视化技术有线性植物树(contact tree)、弹性层次(elastic hierarchies)、力导向图(force-directed graph drawing)、层次布局(hierarchical graph drawing)和圆形布局交叉点减少算法等。Sallaberry 等[208]使用线性植物树可视化个人的社交网，如图 7.3(a)所示，该方法可视化结果美观，主分枝表示不同类型的社交关系，次级分支的两侧分别表示不同性别的联系人，叶子的数量表示联系的次数，而叶子的颜色表示联系后的感受。孟玮[209]基于线性植物树，在早期知识森林数据集上进行了分面树可视化的研究工作，其效果如图 7.3(b)所示，分支过多造成了内容重叠，同时线性植物树由线段组成，交互面积过小，用户体验较差。Schwab 等[210]使用弹性层次对课程目录进行可视化，如图 7.3(c)所示，该方法将课程章节映射为大圆，顺时针依次排布在圆周上，章节内的小节映射为小圆，同样顺时针排布在章节的大圆内。该方法适用于简单有序的树形层次结构，当直接应用于复杂的层次结构时，如有向无环图，容易出现边的交叉，影响可视化效果的

① 使用圆形嵌套方法对 Linux 磁盘空间的可视化结果，图来源于 http://lip.sourceforge.net/ctreemap.html。

可读性。关于圆形布局交叉点减少算法，文献[211]论证了圆形布局下求交叉点最少的布局是 NP-Hard 问题。因此，国内外学者提出了多种减少交叉点的贪心算法。例如，Baur 等[212]提出了通过不断交换相邻节点减少交叉点数量的算法。

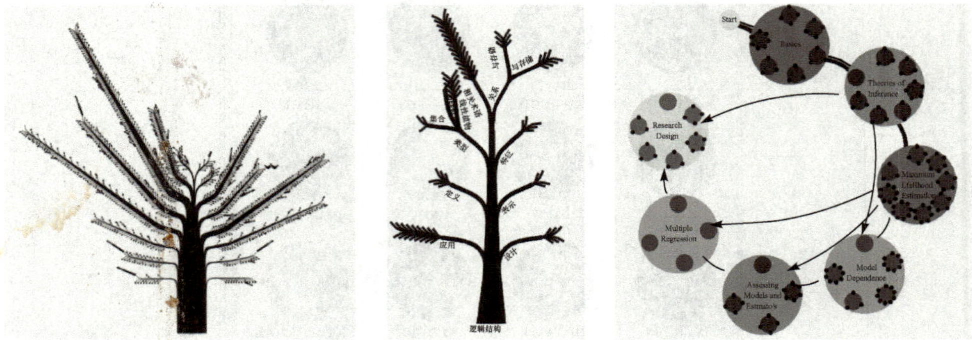

(a) 线性植物树①　　(b) 早期分面树　　(c) 弹性层次②

图 7.3　基于混合法的可视化技术

课程下的认知关系为有向无环图结构，是一种特殊的层次结构。常用的图结构数据布局方法为力导向图布局法[213]和层次布局法[214]，这两种方法在可视化认知关系数据集时效果不够理想。数据结构课程认知关系力导向图布局如图 7.4 所示，该方法导向各异，进行导航学习不够直观，增加用户的认知负担。数据结构课程认知关系层次布局如图 7.5 所示，该方法空间利用率低，易溢出绘制区域，尤其是同一层次节点较多时，认知关系全貌与细节无法兼顾。

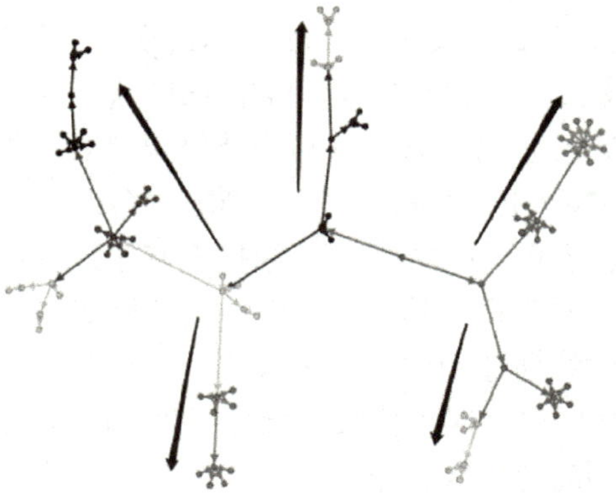

图 7.4　数据结构课程认知关系力导向图布局

① 使用线性植物树对个人社交网的可视化结果，图来源于 https://arxiv.org/pdf/1411.0052.pdf。

② 使用弹性层次对课程目录的可视化结果，图来源于 https://booc.io/。

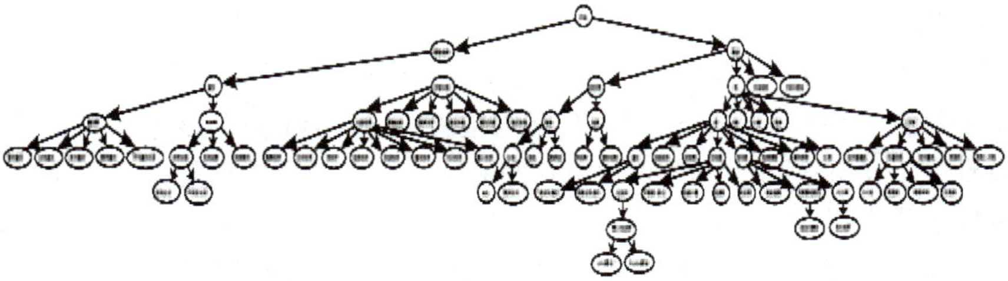

图 7.5　数据结构课程认知关系层次布局

基于上述分析，现有层次数据布局方法具有借鉴意义，但并不能直接应用于分面树可视化和认知关系可视化。

2. 交互方法

布局方法和交互方法在数据可视化中有同等重要的地位，但大部分的研究将注意力放在布局方法上，忽视了交互方法的重要性。静态图片，如海报，显然是能够辅助使用者进行数据分析的，但是当数据量激增且动态变化时，没有交互的可视化方法的实用性就会大大降低。

基于用户意图，现有研究中交互方法可以分为七类[215]：①选择(select)，用户可以对感兴趣的数据进行标记，改变颜色或者添加额外的标签，使其在数据量大的场景中可以轻易地得到持续关注；②探索(explore)，随着用户的操作显示用户感兴趣的数据，隐藏用户不感兴趣的数据；③重排(reconfigure)，提供用户对同一数据多种布局的能力，多种布局能够帮助用户更全面地挖掘数据中包含的信息；④编码(encode)，提供用户更改数据表征的视觉通道，如大小、形状和颜色，使得某些数据属性有更高的辨识度；⑤抽象/细节(abstract/elaborate)，根据用户意图提供从概览到细节多层不同抽象维度的可视化结果，如查看地图时点击某个旅游景点会弹出该景点的详细介绍；⑥过滤(filter)，根据用户设置的条件筛选数据并对符合条件和不符合条件的数据进行不同的可视化；⑦关联(connect)，不同视图中有联系的属性在用户交互下联动发生变化。

现有数据可视化系统中交互方法往往是以上七类基本交互方法中几类方法的结合。常用的复合交互方法有三种：①多视图过滤关联[216]，用户在一个视图中设置过滤条件，其他视图中相关联的属性实时更新变化，联动显示多个关联属性，常应用于检索系统；②概览+细节(overview+details)[217]，概览图与细节图在不同的视图中显示，相互叠加，通常是细节图浮于概览图之上，用户在概览图上进行交互，细节图实时更新，概览图和细节图的相互独立使得细节周围的联系不易被观察；③焦点+上下文(focus+context)[218]，用户在概览图上进行交互，局部放大焦点，焦点周围通过畸变算法进行压缩，能够兼顾焦点与上下文的联系，现有的畸变算法，如多焦点投影(polyfocal projection)[219]、图鱼眼(graphical fisheye views)[219]和拓扑鱼眼(topological fisheye views)[220]，均有较高畸变率，用户需要关注畸变过程来找到上一时刻相关数据的位置，显著降低了用户体验。

设计交互方法通常考虑由可视区域限制而引发的两个问题：小屏幕(small-screen)问题[221]和尺度上推(scaling-up)问题[222]。小屏幕问题指的是由于可视区域限制而无法显示完整的数据结构和信息，尺度上推问题则是指在可视区域中显示过多的信息而使用户难以理解。当设计知识森林可视化的交互方法时，需要考虑上述两个问题，借鉴现有交互方法，在知识森林布局方法的基础上，兼顾显示主题间认知路径和主题下分面结构，在不增加认知负担的情况下提供高效、多粒度的交互体验。

7.2.2　主题分面树绘制算法

本节主要对主题分面树绘制方法进行阐述。首先对分面树数据进行分析得到分面组成结构、数量分布等数据特征，并由此发现分面树绘制过程中容易出现内容重叠、溢出的问题。其次针对以上问题提出基于几何图形拼接的主题分面树绘制算法。最后介绍分面树绘制实验的具体过程及结果分析。

1. 数据分析

分面树的数据包括知识主题、知识主题下的分面、碎片化知识三部分数据。碎片化知识有图文并茂的富文本①和视频两种形式，都装配在末端分面上。目前，已构建的 295 门课程共有 102730 个知识主题、479143 个分面和 2908867 个碎片化知识，其中富文本知识碎片有 2908564 个，视频知识碎片有 303 个。

本节对主题分面树数据进行多维度的统计分析，该数据所具有的特征如下：①分面树最多为“主题—一级分面—二级分面—碎片化知识”四层结构；②不同主题之间，一级分面数量差异较大且分布不均衡，约 94%的主题的一级分面数小于 8 个；③一级分面下的二级分面数量同样呈现长尾分布，约 94%的一级分面的二级分面数小于 7 个；④分面下碎片化知识数量比较多，平均一个分面下有约 10 个碎片化知识。

2. 算法思路

算法整体思路为拼接几何图形近似绘制自然形态树木。内容丰富度反映了分面包含的信息量，在这里首先对其进行量化。内容丰富的一级分面会细分出二级分面来表示不同的侧面，其下的知识碎片按二级分面进行装配。没有二级分面的

① 富文本是包含文本和图片的碎片化数据。

一级分面则根据其下的知识碎片数量和类型来衡量其内容的丰富度，有视频碎片的分面比没有视频碎片的分面内容丰富，知识碎片数量多的分面比知识碎片数量少的分面内容丰富。二级分面的内容丰富度衡量方法和没有二级分面的一级分面相同。对数据集进行统计，选取一级分面下二级分面、视频碎片、富文本碎片及二级分面下视频碎片、富文本碎片的权重。一级和二级分面内容丰富度计算公式如下：

$$\text{weight}_{\text{firstLayerFacet}} = \text{weight}_{\text{slf}} \times \text{slf} + \text{weight}_{\text{flvl}} \times \text{flvl} + \text{weight}_{\text{fltl}} \times \text{fltl} \tag{7.1}$$

$$\text{weight}_{\text{secondLayerFacet}} = \text{weight}_{\text{slvl}} \times \text{slvl} + \text{weight}_{\text{sltl}} \times \text{sltl} \tag{7.2}$$

式中，$\text{weight}_{\text{slf}}$、$\text{weight}_{\text{flvl}}$ 和 $\text{weight}_{\text{fltl}}$ 分别为一级分面下二级分面、视频碎片和富文本碎片的权重；slf、flvl 和 fltl 分别为这三者的数量；$\text{weight}_{\text{slvl}}$ 和 $\text{weight}_{\text{sltl}}$ 分别为二级分面下视频碎片和富文本碎片的权重；slvl 和 sltl 分别为这两者的数量。一级和二级分面内容丰富度权重按表 7.1 选取。

表 7.1　一级和二级分面内容丰富度权重

分面层级	二级分面	视频碎片	富文本碎片
一级	2000	100	1
二级	—	100	1

根据分面树数据的统计分析，一级分面不多于 7 个的主题占总主题数的 94.1%，二级分面不多于 6 个的一级分面占有二级分面的一级分面的 94.7%。因此，选取一级分面的折叠阈值为 7，二级分面的折叠阈值为 6，超过阈值时对一级分面进行权重计算并排序，将权重小的一级分面折叠合并为新的一级分面，命名为“其他一级分面”，被折叠的分面成为该分面的二级分面，使得折叠后的主题的一级分面数为 7。最后隐藏知识碎片，本节结合抽象/细节的交互方法将知识碎片隐藏，通过与分面的交互显示对应分面下的知识碎片。

以数据结构课程下哈夫曼树知识主题树为例，具体介绍分面丰富度计算及分面折叠的基本思想。该主题下共有 10 个一级分面、7 个二级分面和 176 个知识碎片，二级分面分别在 2 个一级分面下，数量为 5 和 2，需要对其一级分面进行折叠。一级分面折叠阈值为 7，选取丰富度最小的 4 个一级分面“来源”“功能”“表示”“应用”折叠为“其他一级分面”的二级分面，分别是“定义”“举例”“特征”“相关术语”“操作”“实现”和“其他分面”。图 7.6 是哈夫曼树主题分面树分面折叠前后效果图。其中，图 7.6(a)表示分面折叠前，二级分面名称出现了重叠，图 7.6(b)表示分面折叠后，分面树干的宽度和分面名称的字体大小自适应放大。

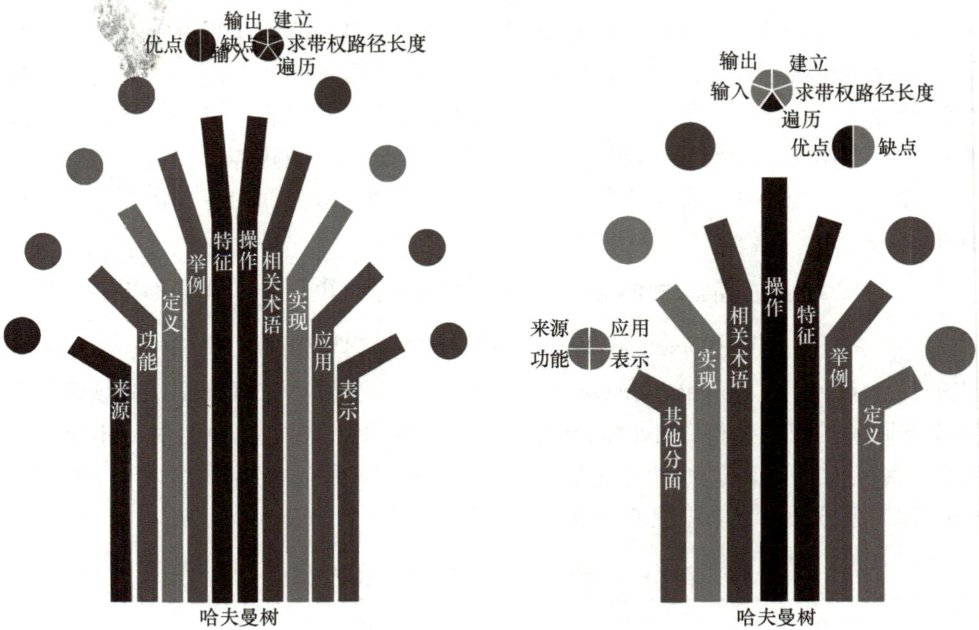

(a) 分面折叠前　　(b) 分面折叠后

图 7.6　哈夫曼树主题分面树分面折叠前后效果图

3. 算法流程

基于几何图形拼接的主题分面树绘制算法的流程主要分为三个部分：①数据处理。根据分面内容丰富度公式计算一、二级分面的丰富度。②计算几何图形的属性。分面树一级分面映射为树干，用矩形表示，一级分面在矩形内以区域划分的方法绘制，二级分面映射为树叶，用圆形表示，均匀分布于一级分面上方。根据绘制区域的宽度、高度和一级分面的数量计算树干和各一级分面的宽高及各树叶的位置。③绘制并绑定数据。根据第一步处理得到的数据对一级分面进行排序，使得内容丰富的分面放在绘制区域的中央，根据几何图形属性在绘制区域绘制图形。具体流程如算法 7.1 所示，算法输入是主题分面树数据和绘制区域的大小，输出则是绘制好的分面树。

算法 7.1　几何图形拼接的主题分面树绘制算法

输入：主题分面树数据和绘制区域的大小
输出：绘制好的分面树

For each firstLayerFacet $firstLayerFacet_i \in data\_in$
　// 计算一级分面的丰富度
　$weight_{firstLayerFacet} = calc\_first\_weight(firstLayerFacet_i)$

```
    If firstLayerFacet_i[secondLayerFacets] ≠ ∅ then
        For each secondLayerFacet  secondLayerFacet_i ∈ secondLayerFacets do
            //计算二级分面的丰富度
            weight_secondLayerFacet = calc_second_weight(secondLayerFacet_i)
        end for
    end if
end for
If numberOfFacet > threshold then
    //折叠分面
    data = fold_facets_by_weights(data,weights)
end if
//根据绘制区域宽度和一级分面数量计算树干的宽度
width_branch = clac_branch_width(width,numberOfFirstLayerFacet)
//根据绘制区域高度和一级分面数量计算树干的高度
heights_branch = clac_branch_heights(height,numberOfFirstLayerFacet)
//根据绘制区域宽度、高度和一级分面数量计算树叶位置
position_leaf = clac_leaf(width,height,numberOfFirstLayerFacet)
//绘制分面树
draw_facet_tree(data,canvas)
```

4. 测试验证

本节对知识森林数据集中构建完成的 99234 个主题分面树进行绘制实验，并与多级列表方法和基于贝塞尔曲线的方法[169]进行对比。评估指标分别为内容重叠率(overlapping，OL)、内容溢出率(overflowing，OF)、算法执行效率。其中，内容重叠率与内容溢出率为

$$\mathrm{OL}=\frac{\mathrm{trees}_{\mathrm{overlapping}}}{\mathrm{trees}} \tag{7.3}$$

$$\mathrm{OF}=\frac{\mathrm{trees}_{\mathrm{overflowing}}}{\mathrm{trees}} \tag{7.4}$$

表 7.2 展示了三种算法内容重叠率、溢出率的实验结果。内容重叠率指标下，多级列表方法各分面依次排列，因此不存在重叠；基于贝塞尔曲线的方法内容重叠率为 14.3%；本节算法内容重叠率为 0。对于内容溢出率评价指标，本小节分别在 240像素×240 像素和 300像素×400 像素两个区域中绘制，从表 7.2 中可以看出，三种算法的内容溢出率均随绘制区域的增大而减小。多级列表方法的溢出如图 7.7(a)

所示，随着绘制区域的增大，可以排列更多的分面进而缓解溢出。基于贝塞尔曲线的方法尽可能使树的高度撑满绘制区域，然后将整棵树宽高按比例缩放，效果如图 7.7(b)所示，由于相同缩放比例下两侧二级分面需要的宽度相同，当一级分面不够多时，两侧的二级分面会溢出绘制区域。如图 7.7(c)所示，本节基于几何图形拼接的分面树绘制方法设定了显示字体的最小值，无法根据绘制区域的大小按比例无限制缩小显示，因此在绘制区域一中有 5.4%的知识主题分面树发生了内容溢出，而绘制区域二为本节算法按最小显示字体绘制且内容均不溢出的最小区域，内容溢出率为 0。

表 7.2　三种算法内容重叠率、溢出率的实验结果

算法	多级列表方法	基于贝塞尔曲线的方法	本节算法
OL	0	14.3%	0
OF(240 像素 × 240 像素)	7.4%	2.4%	5.4%
OF(300 像素 × 400 像素)	5.8%	1.4%	0

此外对本节中分面树绘制算法的时间效率进行了评估，实验表明，本节算法的效率介于上述另外两种方法之间，平均绘制一个分面树需要 6.23ms，较多级列表方法慢 1.54ms，较基于贝塞尔曲线的方法快 1.73ms，具有较好的算法执行效率。

7.2.3　认知关系布局算法

本节主要对认知关系布局算法进行阐述。首先对认知关系数据进行分析得到数量分布、社团属性等特征，结合这些特征提出了基于圆形布局的认知关系布局算法，然后介绍认知关系布局实验具体过程并进行结果分析。

1. 数据分析

知识森林数据集中认知关系主要指课程下知识主题间的认知依赖关系。认知依赖关系是指两个知识主题在学习过程中的先后序关系。例如，学习者要学习“堆栈”这个知识主题，在此之前需要对“数组”这个知识主题有所了解，即“堆栈”的学习依赖于“数组”。本节将知识主题抽象为节点，认知关系抽象为边，并且是有向的，课程下主题间的认知关系是有向无环图结构。基于此对认知关系进行多维度的统计分析，发现认知关系具有以下特征：①认知关系条数为知识主题个数的两倍多，即在图结构中节点的度数大于 4；②认知关系中存在社团结构，社团内部的知识主题具有主题相关性或语义相关性；③经社团划分的知识簇中度为 1 的节点主题数量占比较大，超过 50%，如图 7.8 所示；④认知关系中存在前向边

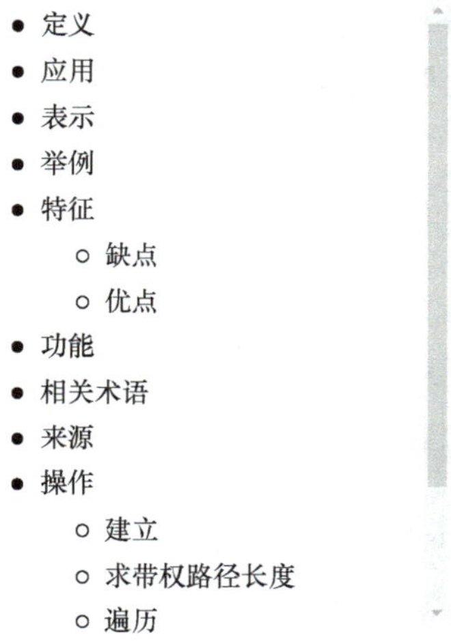

(a) 多级列表方法

(b) 基于贝塞尔曲线的方法

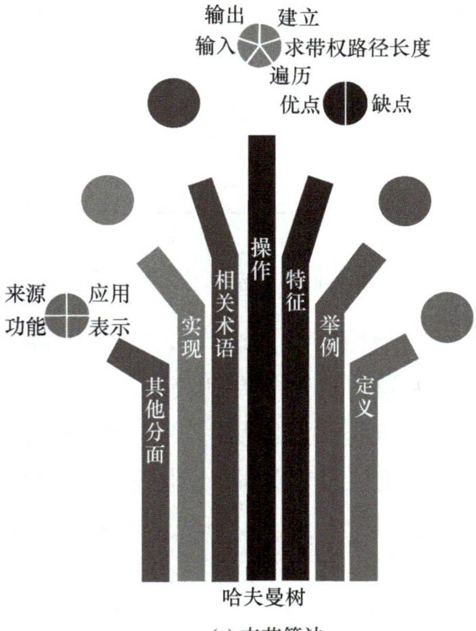

(c) 本节算法

图 7.7　“哈夫曼树”分面树效果图

和自环类型的冗余数据。前向边与自环类型如图 7.9 所示。

2. 算法思路

本节的认知关系布局算法是基于认知关系数据特征提出的。首先，使用 Louvian 社团发现算法[223]对认知关系图进行知识簇划分，降低单次布局节点个数，

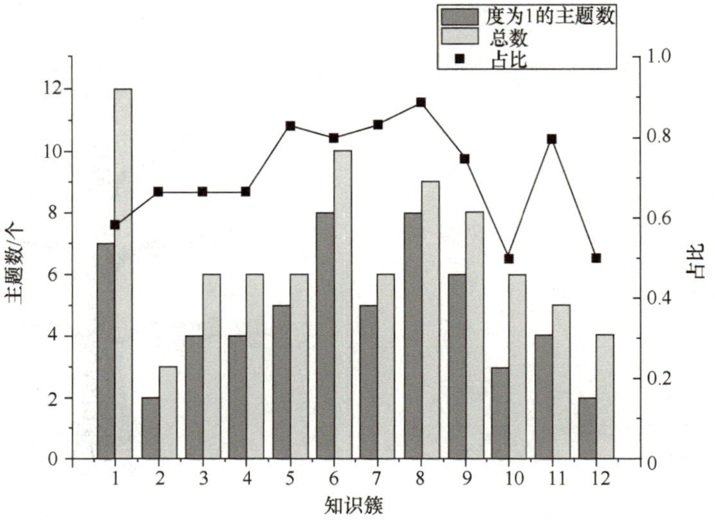

图 7.8　数据结构领域各知识簇中度为 1 的节点主题统计图

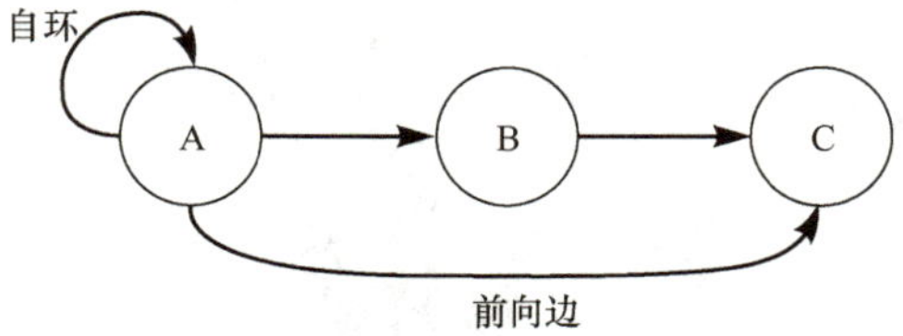

图 7.9　前向边与自环类型示意图

该算法的核心思想是将节点与相邻节点迭代合并直至达到良好的社区划分结果。然后，将认知关系图划分为簇内认知关系和簇间认知关系，对簇内、簇间认知关系均使用圆形布局算法进行布局，并且使用改进的圆形布局交叉点减少算法对圆形布局进行优化，该算法的主要思想为摘出图中度为 1 的节点，使产生交叉点最多的边相邻，消除该边产生的交叉点。认知关系布局算法使认知关系基本流向一致且具有较高的空间利用率，提高了认知关系图的可读性。

图 7.10 举例说明改进的交叉点减少算法的流程。图 7.10(a)为初始布局，有 9 个节点、10 条边，该布局下有 7 个交点；图 7.10(b)为将度为 1 的节点迭代摘出后的布局，共摘出 5、7、8 三个节点，仍然存在 3 个交点，边{1，6}和{4，9}均产生两个交点，且 4 个节点的度均为 2；随机选择一个节点 6，将其移动至节点 1 相邻位置得到图 7.10(c)的布局，交点数量剩余 2，此时边{3，6}产生两个交点；选择度较小的节点 6，将其移动至节点 3 相邻位置，得到图 7.10(d)的布局，交点剩余数量为 2，没有减少，停止迭代；对图 7.10(c)的布局用栈弹出的方式补全度为 1 的节点，得到优化后的图 7.10(e)布局，本算法将交点数为 7 的圆形布局图 7.10(a)

优化为交点数为 2 的图 7.10(e)，交点数减少 71.4%；图 7.10(f)是该圆形布局的全局最优分局。算法每次迭代需要计算的是每条边上的交叉点数量。该算法属于启发式算法，得到的结果是局部最优解，算法效果取决于初始布局、移动节点的选择和目标节点相邻位置的选择等因素。

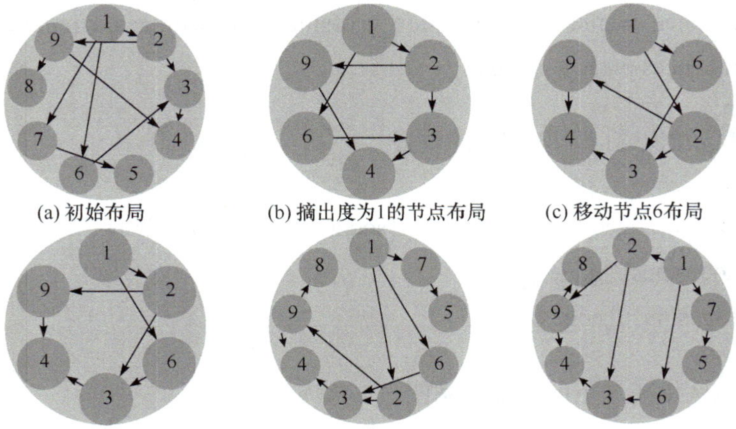

(a) 初始布局　(b) 摘出度为1的节点布局　(c) 移动节点6布局

(d) 再次移动节点6布局　(e) 补全度为1的节点布局　(f) 全局最优布局

图 7.10　改进的交叉点减少算法的流程示意图

3. 算法流程

基于圆形布局的认知关系布局算法流程主要分为四个部分：①数据处理，去除认知关系图中前向边、自环等冗余数据；②知识簇划分，使用 Louvian 社团发现算法[223]对认知关系图进行知识簇划分，降低单次圆形布局节点和边的数量，得到知识簇簇内和簇间的认知关系子图；③优化圆形布局，使用改进的圆形布局交叉点减少算法对簇内和簇间认知关系进行布局优化，减少认知关系的交叉；④计算并绘制认知关系图，根据绘制区域的大小及知识簇簇内和簇间认知关系的布局，计算知识簇及节点的位置，绘制圆形布局下的认知关系图。具体流程如算法 7.2 所示，算法输入是课程下的主题间认知关系和绘制区域的大小，输出是绘制好的认知关系图。

算法 7.2　基于圆形布局的认知关系布局算法

输入：课程下的主题间认知关系和绘制区域的大小

输出：绘制好的认知关系图

---

1. // 清洗数据，去除前向边等冗余数据
2. dependences = initial_process(dependences)

```
//使用 Louvian 算法进行知识簇划分
communities = community_discovery(dependences)
// 对簇内簇间认知关系用改进的圆形布局交叉点减少算法进行布局优化
For community_i ∈ communities do
    sequence_i = enhanced_reduction_crossings(init_sequence, communities)
    sequences.push(sequence_i)
end for
//计算各知识簇以及各节点的位置
For sequence_i ∈ sequences do
    nodes_i, edges_i = calc_position(sequences_i, width, height)
    nodes.push(nodes_i)
    edges.push(edges_i)
end for
// 绘制圆形布局下的认知关系图
draw_dependences(nodes, edges)
```

图 7.11 是基于圆形布局的认知关系布局算法在数据结构课程认知关系图上的可视化结果，图 7.11(a)是数据结构课程认知关系图的全局，图 7.11(b)是堆栈知识簇的布局效果图，可以看出各知识簇簇内和簇间认知关系指向基本一致，呈现顺时针方向。

4. 测试验证

本小节选取交叉点数量、平均绘制时间作为评价指标，在 GD Data①随机生成的 909 张有向无环图上进行验证，数据集中节点数量 10～100 均匀分布。交叉点数量是影响图布局可读性的重要因素，本小节采用力导向图布局、层次布局、不做交叉点减少的圆形布局作为对比。力导向图布局常用于无向图布局，其思想是物理模拟引力斥力让节点自由运动，直至稳定以得到最终布局；层次布局是针对有向无环图的一种布局方法，主要是根据图中各节点的拓扑排序来布局；不做交叉点减少的圆形布局是指在圆形上随机进行节点排布的布局方法。

从图 7.12 中可以看出，在节点数量少于 30 的图中，各布局交叉点数量均较少。当节点数量越来越多时，本节改进的圆形布局算法产生的交叉点数量明显少

① GD Data，提供了一些公开可用的有向图、无向图等图形数据集，本节所用的有向无环图数据集可从网址 http://www.graphdrawing.org/download/random-dag-graphml.tgz 中下载。

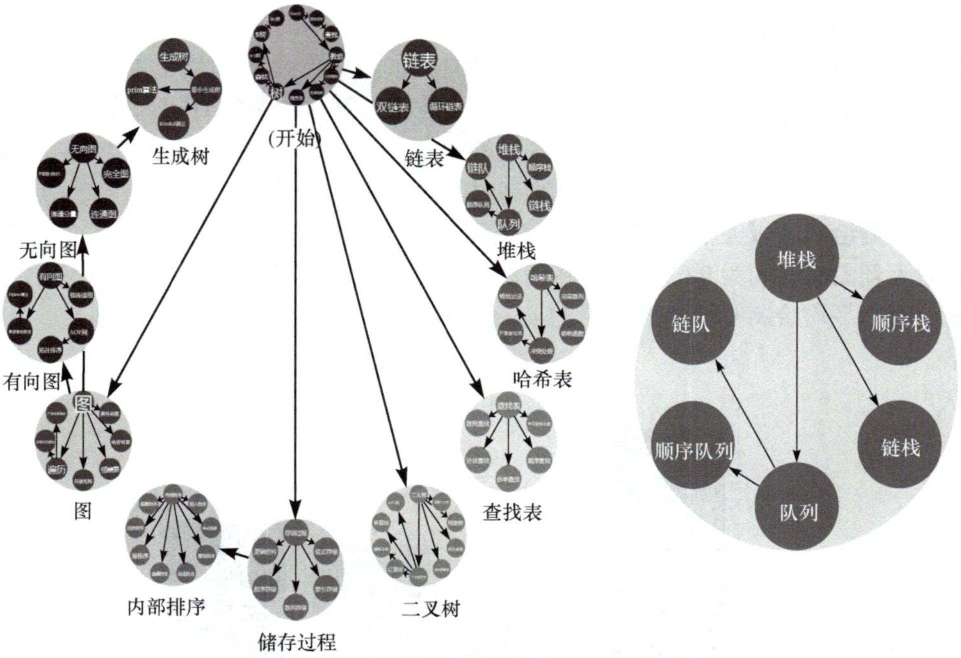

(a) 全局　　(b) 堆栈知识簇

图 7.11　圆形布局下数据结构课程认知关系图

于初始的圆形布局与层次布局算法，且略微少于力导向图布局算法。分析可知，本节算法有效的原因在于：①使用社团发现算法对节点进行了社团划分，减少了边的布局数量；②直接优化了社团内与社团间的边交叉的情况。

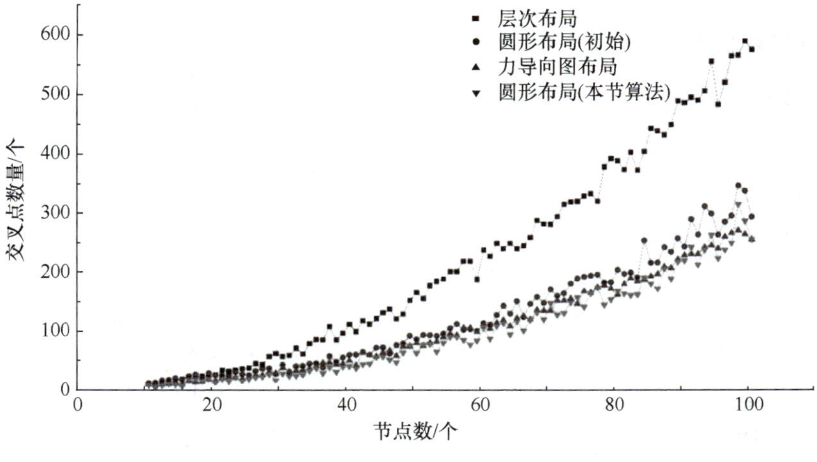

图 7.12　交叉点数量评价指标实验结果

图 7.13 是力导向图布局、层次布局和基于圆形布局的认知关系布局方法在绘制一张有向无环图的平均绘制时间。力导向图布局与层次布局均离线计算节点坐标，因此上述两个布局的平均绘制时间只包含布局算法绘制的时间。此外，层次布局比力导向图布局需要多绘制一些边的拐点，因此平均绘制时间较力导向图布局时间长 1.2ms。本节算法的平均绘制时间包括清除数据、社团划分、交叉点优化、根据绘制区域大小计算节点坐标以及最终绘制整个布局过程，平均绘制一张有向无环图的时间为 23.3ms。当将清洗数据、社团划分和交叉点优化的工作离线完成时，平均绘制时间降低到了 11.4ms，优于力导向图布局和层次布局。

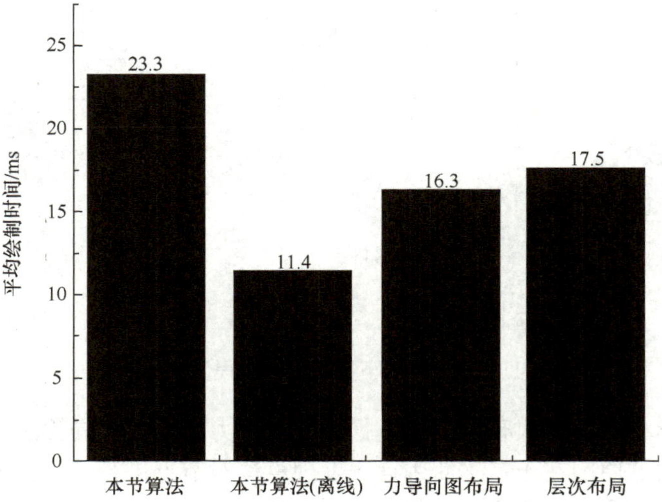

图 7.13　算法平均绘制时间实验结果

7.2.4　知识森林圆形布局交互方法

本节主要对知识森林交互方法进行阐述。首先对知识森林可视化面临的难点问题进行分析，其次针对这些问题提出基于焦点+上下文的圆形布局交互方法，最后介绍该交互方法具体的设计与实现过程。

1. 问题分析

基于知识森林数据的结构特点，7.2.2 小节和 7.2.3 小节对分面树数据和认知关系数据分别提出了相应的布局方法，解决了知识森林在视觉呈现层面的问题。然而，学习者在使用知识森林进行碎片化知识学习时，最长的定位路径是“知识森林—知识簇—知识主题—分面—碎片化知识”，认知关系布局呈现的是“知识森林—知识簇—知识主题”，分面树布局呈现的是“知识主题—分面—碎片化知识”。当这两种布局相结合，需要保证学习者关注定位路径中任意一个元素时，该元素的上下文信息都能够清晰的展示。然后，可视区域的限制导致无法清晰地显示知识森林全部数据(小屏幕问题)，并且显示过于细节的信息不利于定位学习者关注的内容(屏幕溢出问题)。因此，如何将分面树与认知关系的布局结果相结合，同时兼顾由可视区域限制引发的小屏幕问题和屏幕溢出问题，是基于知识森林布局设计知识森林交互的难点问题。

2. 问题解决

针对以上问题，采用焦点+上下文的圆形布局交互方法，能够同时显示焦点细节及其周围信息。该交互方法有三个基本概念——兴趣度(degree of interest，DOI，在特定任务中用户对各元素感兴趣的程度)、先验重要性(a priori importance，API，元素在初始状态下的重要程度)、距离(distance，D，其他元素与焦点元素的距离)。该交互方法的主要流程是根据先验重要性和距离计算各元素的兴趣度，设计合适的变形函数，对各元素进行重新绘制。其中，变形函数根据元素的兴趣度改变元素的视觉通道，如位置、颜色、形状、大小和显示与否，其目的是着重显示焦点元素，淡化兴趣度低的元素，进而实现显示焦点细节，同时兼顾细节上下文信息的显示。

在焦点+上下文交互方法解决小屏幕问题和屏幕溢出问题上，拓扑鱼眼交互方法[220]提供了思路。该方法将图中的节点进行聚类得到簇，畸变函数展开焦点所在的簇，而聚合远离焦点的簇，即隐藏用户当前兴趣度低的元素，预留出更大的空间用以展示焦点细节，使用户将注意力集中在兴趣度高的内容上。

结合以上分析，本节将分面树视为知识主题的细节，即将分面树在交互时视为一个整体，不再对其进行部分隐藏或显示。因此，交互涉及的元素简化为知识簇、知识主题节点、知识主题细节、知识簇内认知关系和知识簇间认知关系。在知识森林布局中，交互元素层次图如图 7.14 所示，共有四层，知识森林包括知识

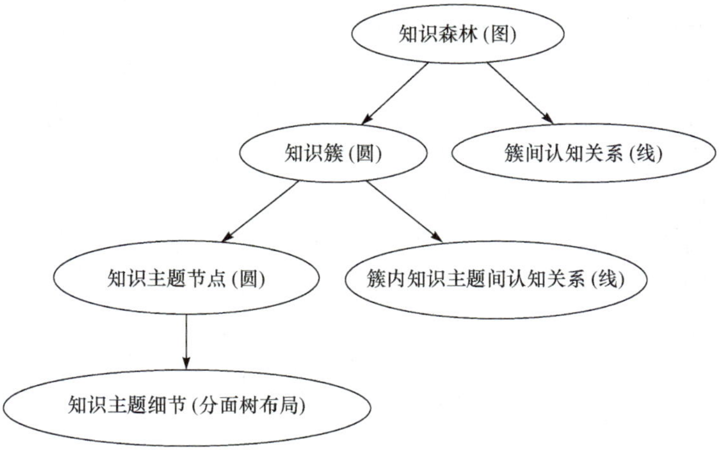

图 7.14 交互元素层次图

簇和簇间认知关系两个元素，知识簇的细节包括簇内的知识主题节点和簇内知识主题间认知关系，知识主题节点则可以继续细化为知识主题分面树。

结合该层次结构，同类元素设为相同的先验重要性，元素与焦点元素的距离则可采用语义距离，如焦点元素是知识主题节点，与该知识主题同簇的知识主题的距离小于不同簇的知识主题。在圆形布局中，元素主要由圆与线段两种基本图形表示，圆的大小与位置由其对应的圆心角决定，线段的起止由圆的位置决定。因此，变形函数需要根据各元素的兴趣度，隐藏部分兴趣度低的元素，计算剩余圆形元素所对应的圆心角大小，对各元素重新布局。

3. 交互方法设计

结合问题解决思路，本小节基于圆形布局特性，结合拓扑鱼眼交互，设计圆形布局二级焦点的交互方法。当知识簇处于一级焦点状态时，各知识簇仍按圆形布局排布，仅改变所对应的圆心角占比；处于二级焦点状态时，非焦点知识簇隐藏簇内知识主题并向圆周收缩，焦点知识簇在圆周中心进行绘制。二级焦点交互流程如图 7.15 所示，图 7.15(a)表示初始状态圆形布局中各元素均分圆心角；图 7.15(b)表示其中一个元素变为焦点，图中焦点元素对应的圆心角为其他元素所对应圆心角的两倍；图 7.15(c)和(d)表示当焦点元素再次被点击，其他元素分得圆心角不变，但向大圆圆周缩小，留出中间区域用以显示焦点元素。二级焦点交互将图 7.15 的转换分解成两步，减少了交互前后布局的差异程度，缓解用户认知负担，同时其一级焦点起到类似预确认的作用，能够提高用户的交互效率。

结合交互元素层次图和知识簇二级焦点交互，可以得到交互元素细节级别表。如表 7.3 所示，为了便于描述，将知识簇用 C 表示，簇间认知关系用 CE 表示，知识主题用 V 表示，簇内认知关系用 VE 表示，细节级别用 LOD 表示。簇间认知关系、知识主题、簇内认知关系的最低细节级别为“隐藏”，而知识簇的最低细节级别为“仅显示名称”。这是由于当学习者关注某个知识主题，与该知识主题不相关的元素均可简略显示或隐藏，但知识簇名称的保留能够使学习者随时了解该课程的知识结构，缓解学习中的认知迷航问题。知识簇使用了二级焦点交互，因此具有一级焦点、二级焦点的细节级别。簇间认知关系是一条或多条跨簇的认知关系的集合，当学习者关注簇间认知关系包含的信息时，这条簇间认知关系便成为焦点，否则这条簇间认知关系可以被隐藏。知识主题默认在知识簇下以圆形表示，当其成为焦点时，显示为知识主题分面树，而当焦点知识主题与之不同时，簇则可被隐藏。簇内认知关系指知识簇内知识主题间的认知关系，同样具有隐藏和显示两种细节级别。

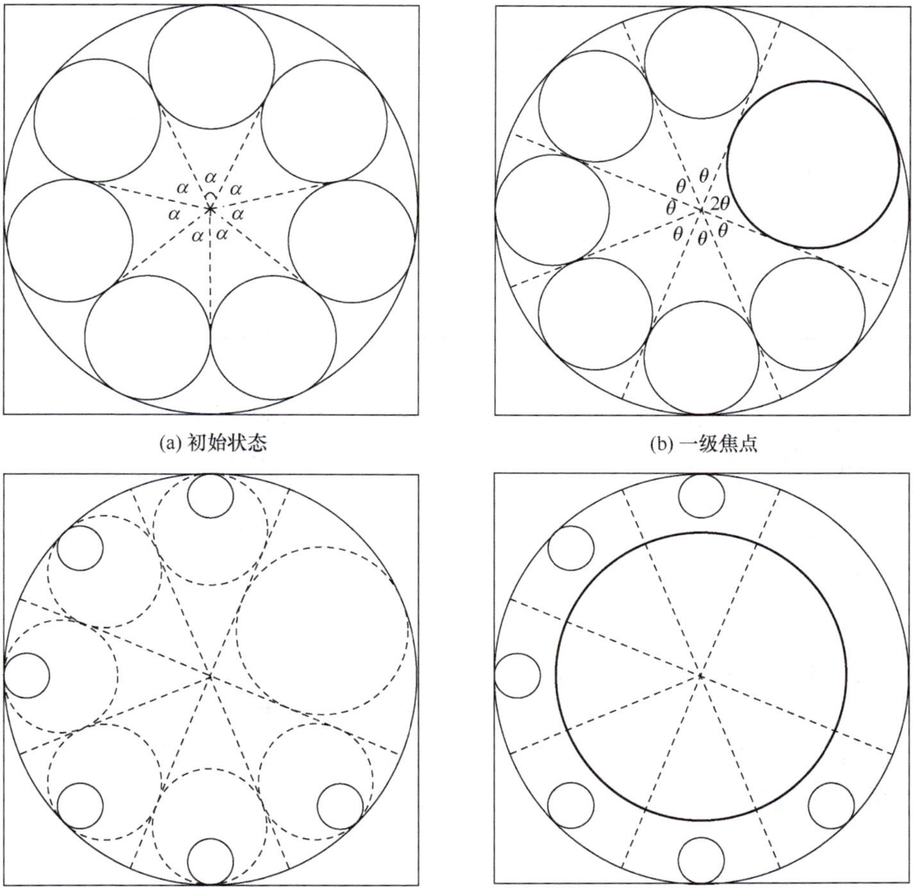

(a) 初始状态　(b) 一级焦点

(c) 二级焦点 (中间状态)　(d) 二级焦点

图 7.15　二级焦点交互流程示意图

表 7.3　交互元素细节级别表

交互元素	细节级别	描述
知识簇	*C*_LOD0	仅显示名称
	*C*_LOD1	默认显示
	*C*_LOD2	一级焦点
	*C*_LOD3	二级焦点
簇间认知关系	CE_LOD0	隐藏
	CE_LOD1	默认显示
	CE_LOD2	焦点

续表

交互元素	细节级别	描述
知识主题	V_LOD0	隐藏
	V_LOD1	默认显示
	V_LOD2	焦点、主题分面树
簇内认知关系	VE_LOD0	隐藏
	VE_LOD1	默认显示

针对以上交互元素，学习者存在的交互操作有点击知识簇、点击簇间认知关系和点击知识主题。将 f_C'、f_C''、f_{CE}、f_V 分别表示一级焦点知识簇、二级焦点知识簇、焦点簇间认知关系、焦点知识主题。初始状态下同类元素的先验重要性相同，故将各元素的 API 设为 0。各元素的 DOI 函数简化为只与焦点的距离有关，如式(7.5)所示：

$$\mathrm{DOI}(x \mid y) = -D(x, y) \tag{7.5}$$

在知识森林中，各元素之间的语义距离远比空间距离有意义，因此本小节只考虑各元素语义距离对其兴趣度的影响，并约定当元素与焦点紧密相关时，如相等、包含，则其距离为 0，元素与焦点关系越弱，其与焦点距离越大。

考虑各元素在不同类型焦点下的语义距离，通过式(7.6)得到各知识主题的 DOI 值：

$$\mathrm{DOI}(V) = \begin{cases} 0\ , & V = f_V \\ -1\ , & V, f_V \in C_i \text{ 或 } V \in f_C'' \text{ 或 } f = f_C' \\ -\infty, & V \in C_i, f_V \in C_j, i \neq j \end{cases} \tag{7.6}$$

根据式(7.6)可知，当知识主题为焦点时，其拥有最大的兴趣度，即需要渲染尽可能多的细节；当知识主题处于焦点知识主题所在的簇，或处于一级焦点知识簇与二级焦点知识簇时，其拥有稍低一些的兴趣度；当与焦点知识主题不同簇时，其拥有较小的兴趣度。

另外，通过式(7.7)得到各知识簇的 DOI 值：

$$\mathrm{DOI}(C) = \begin{cases} 0, & f_V \in C \text{ 或} C = f_C \\ -1, & C = f_C' \\ -2, & C \neq f_C' \\ -\infty, & C \neq f_C'' \end{cases} \tag{7.7}$$

式(7.7)表明，当知识簇是二级焦点知识簇或者包含焦点知识主题时，其具有最大的兴趣度；当知识簇是一级焦点知识簇时，其具有的兴趣度较二级焦点稍少；当一级焦点知识簇不是该知识簇时，其兴趣度再减少一些；而焦点知识主题不在该知识簇内是其兴趣度最低的情况。

通过式(7.8)得到各簇内认知关系的 DOI 值：

$$\mathrm{DOI(VE)}=\begin{cases}0, & f_V \in \mathrm{VE}\\ -1, & \mathrm{VE}\in f_C'' \text{ 或 } f=f_C'\\ -\infty, & f_V \notin \mathrm{VE} \text{ 或 } \mathrm{VE}\notin f_C''\end{cases} \tag{7.8}$$

由式(7.8)可知，当簇内认知关系包含焦点知识主题时，该认知关系具有最大的兴趣度；当簇内认知关系处于二级焦点知识簇内或者焦点是一级焦点知识簇时，其兴趣度稍减；而当簇内认知关系与焦点知识主题或者二级焦点知识簇不相关时，其兴趣度最低。

通过式(7.9)得到各簇间认知关系的 DOI 值：

$$\mathrm{DOI(CE)}=\begin{cases}0\ , & f_V \in \mathrm{CE} \text{ 或 } \mathrm{CE}=f_{\mathrm{CE}} \text{ 或 } f_C''\in \mathrm{CE}\\ -1\ , & \mathrm{CE}\neq f_{\mathrm{CE}} \text{ 或 } f=f_C'\\ -\infty, & f_V \notin \mathrm{CE} \text{ 或 } f_C''\notin \mathrm{CE}\end{cases} \tag{7.9}$$

显然，当簇间认知关系是焦点或者与焦点知识主题、二级焦点知识簇有关联时，其兴趣度最大；当焦点簇间认知关系不是该认知关系，或者焦点是一级焦点知识簇时，其兴趣度稍低一些；当簇间认知关系与焦点知识主题、二级焦点知识簇无关时，其兴趣度最低。

4. 测试验证

根据各元素的 DOI 值及其含义映射相应的细节级别，按照不同类型焦点可将知识森林交互结果分为五个场景，如表 7.4 所示。

表 7.4　场景中各元素细节级别表

场景	焦点	LOD
初始状态	无	*C*_LOD1、CE_LOD1、*V*_LOD1、VE_LOD1
焦点知识主题	f_V	*C*_LOD0、*C*_LOD3、CE_LOD0、CE_LOD2、*V*_LOD0、*V*_LOD1、*V*_LOD2、VE_LOD0、VE_LOD1
一级焦点知识簇	f_C'	*C*_LOD1、*C*_LOD2、CE_LOD1、*V*_LOD1、VE_LOD1
二级焦点知识簇	f_C''	*C*_LOD0、*C*_LOD3、CE_LOD0、CE_LOD2、*V*_LOD0、*V*_LOD1、VE_LOD0、VE_LOD1
焦点簇间认知关系	f_{CE}	CE_LOD2

焦点簇间认知关系均可由其余四个场景通过点击簇间认知关系切换得到。如

图 7.16 所示，图中知识森林是人工构建的数据结构课程，当点击从初始知识簇指向二叉树知识簇的簇间认知关系时，将浮出具体的认知关系名称，此场景的上一时刻为一级焦点的哈希表知识簇。

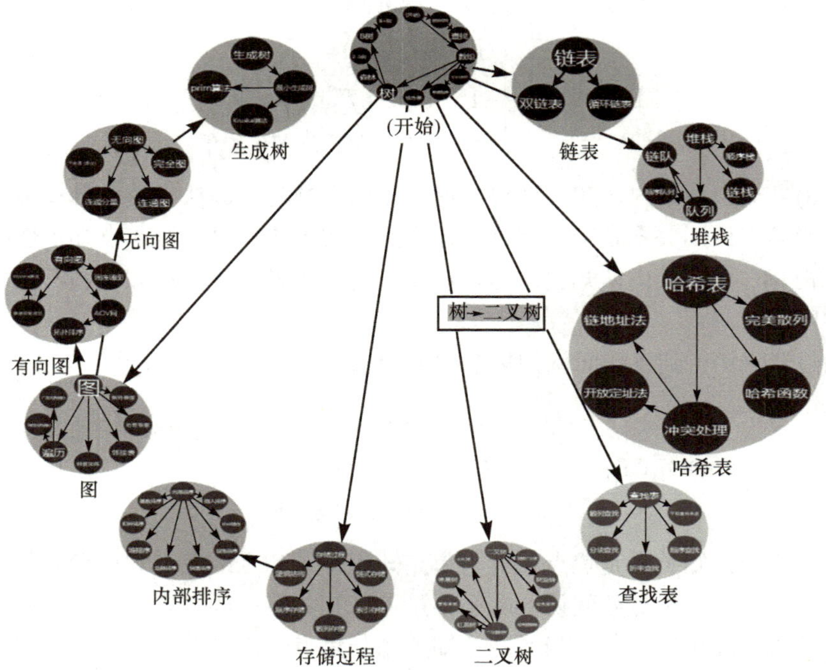

图 7.16　焦点簇间认知关系场景图

通过点击知识主题、知识簇交互操作进行切换，实现的知识森林交互场景图如图 7.17 所示。在初始状态场景、焦点知识主题场景下，点击知识簇会进入一级焦点知识簇场景。一级焦点知识簇较其他知识簇占据更多空间，如图 7.17(b)中的一级焦点知识簇，细节级别为 C_LOD2，其他知识簇为 C_LOD1，这种可视化解决了默认布局时无法清晰获取相关簇内的知识主题信息的问题。在一级焦点知识簇场景下再次点击相同的知识簇，切换为二级焦点知识簇场景，该知识簇会再次被放大。学习者能够更清楚地观察簇内包含的知识主题以及簇内的认知关系，同时与该簇相关的簇间认知关系也同样会被显示。无论在什么场景下，点击知识主题都会切换为焦点知识主题场景，即当学习者找到感兴趣的知识主题时，系统将立即显示对应的知识主题分面树，使学习者快速进入学习状态。该场景下焦点知识主题以分面树形式展现，即 V_LOD2，焦点知识主题所在簇呈现二级焦点状态 C_LOD3，其他知识簇为只显示名称的 C_LOD0。

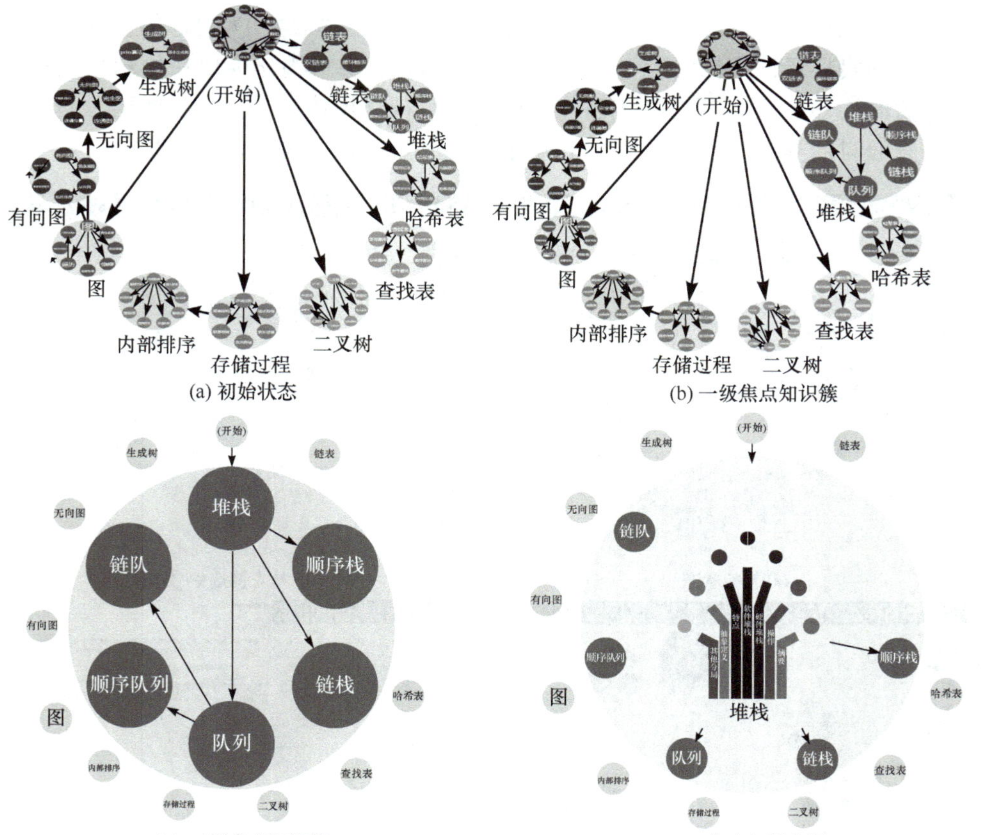

(a) 初始状态　(b) 一级焦点知识簇

(c) 二级焦点知识簇　(d) 焦点知识主题

图 7.17　知识森林交互场景图

7.2.5　原型系统及用户评测

本节的知识森林可视化方法以 JavaScript①模块的形式实现，并以此模块开发了知识森林导航学习系统，该系统具有“知识森林—知识簇—主题—分面—碎片化知识”多粒度展示知识森林的功能，同时也支持认知路径的显示。

图 7.18 是知识森林导航学习系统中数据结构课程的展示界面，碎片化知识展示区域由于空间显示默认隐藏。图 7.18(a)是学习者进入该界面后的初始状态，学习状态默认为“零基础”，在该学习状态下，知识点列表显示课程下的所有知识主题，知识森林可视化模块处于初始状态；图 7.18(b)是在“零基础”学习状态下点击左侧知识点列表中“数组”知识主题后的界面，知识点列表中被点击的主题高亮显示，知识森林可视化模块处于焦点知识主题状态，即显示选中的知识主题分

① JavaScript，简称 JS，一种具有函数优先的轻量级、解释型或即时编译型的高级编程语言。

面树；图 7.18(c)是在“场景驱动”学习状态下以“红黑树”为目标的认知路径，知识点列表显示该认知路径上的知识主题，知识森林可视化模块只显示与认知路径有关的认知关系；图 7.18(d)是在知识森林可视化模块中选择“红黑树”的“性质”分面时的界面，选择具体某个分面后显示知识碎片的列表从右侧滑出。

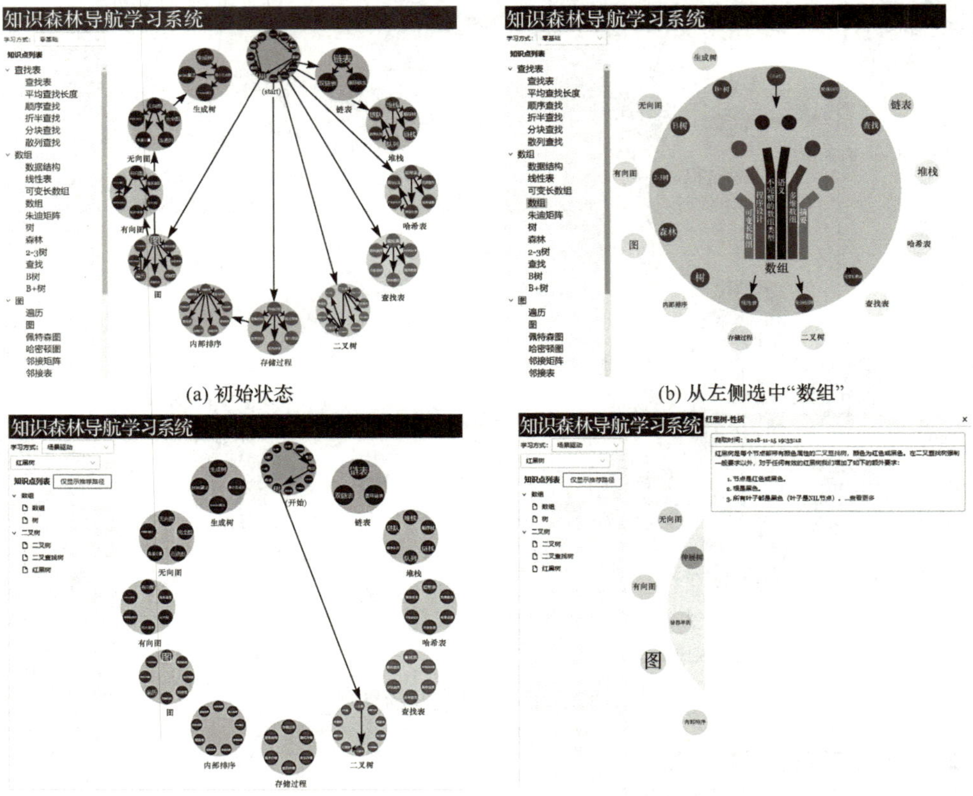

(a) 初始状态　　　　(b) 从左侧选中“数组”

(c) 以“红黑树”为目标的认知路径　　　　(d) 选择“红黑树”的“性质”

图 7.18　知识森林导航学习系统中数据结构课程的展示界面

本节在计算机领域的数据结构课程上进行分面定位任务和内容理解任务的评测。招募 30 名计算机专业的同学进行评测任务，30 名同学均进行相同的分面定位和内容理解任务，然后将其分为 3 批，每批 10 人，分别使用知识森林导航学习系统、Yotta 系统①、搜索引擎完成问卷。在实验前，对志愿者同学讲解了任务背景、知识森林导航学习系统和 Yotta 系统的使用操作以及实验的具体内容。

分面定位任务统计志愿者依次找到给定课程下的 10 个不同知识主题的分面

① Yotta 系统，本团队早期面向知识森林开发的可视化系统，主页为 http ://yotta.xjtushilei. com: 888/yotta/module/construct/index.html。

所用的时间。本实验主要选用了 Yotta 系统进行比较，该系统使用力导向图布局认知关系，以及基于贝塞尔曲线的分面树绘制算法可视化分面树，二者使用多视图联动的方式进行交互。图 7.19 展示了分面定位任务完成时间统计图，从图中可以看出本节系统的分面定位效率显著高于 Yotta 系统，Yotta 系统平均完成时间为 521.3s，而本节系统平均完成时间为 282.2s，较 Yotta 系统分面定位效率提高了 45.9%。Yotta 系统在分面定位任务表现较差的原因有以下三点：①Yotta 系统使用力导向图布局认知关系，通过层次下钻显示知识簇，知识簇的细节与知识森林概览无法同时显示，增加用户错误交互的时间成本；②基于贝塞尔曲线的分面树绘制算法在同级分面过多的情况下易出现重叠，增加用户辨认分面的时间成本；③多视图联动的交互使用户在两个视图中不断切换，降低用户体验。本节提出的知识森林可视化方法解决了以上三个问题。

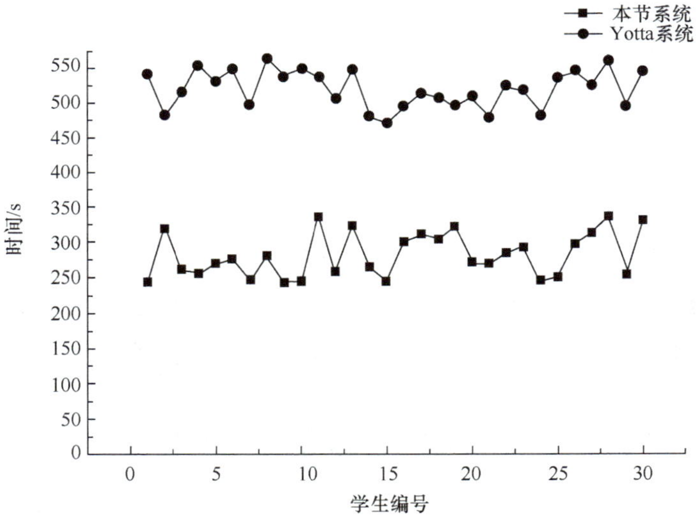

图 7.19　分面定位任务完成时间统计图

另外，本节也设计了内容理解任务的实验。该任务提供包含 10 个课程相关选择题的问卷，分属于 10 个不同的主题，统计志愿者使用不同方法完成的时间。志愿者完成任务需要阅读问题，检索问题中涉及的知识主题的碎片化知识，阅读碎片化知识并据此选择相应的答案。firstLayerFacet 内容理解任务主要选用 Yotta 系统和搜索引擎进行比较。图 7.20 展示了内容理解任务完成时间统计图，从图中可以看出本节系统在检索相关知识的效率上有明显的优势。使用 Yotta 系统平均完成时间为 896.7s；使用搜索引擎平均完成时间为 1126.1s；使用本节系统平均完成时间为 549.1s，较 Yotta 系统提高了 38.8%，较搜索引擎提高了 51.2%。本节系统在该任务上优于 Yotta 系统的本质原因是 Yotta 系统的检索效率不高，而优于搜索引擎是由于知识森林聚合模型的优越性。知识森林聚合模型通过碎片采集、分面聚合、碎片装配等一系列步骤，将搜索引擎中分散、片面、无序的碎片化知识聚合成对应的知识主题分面树，避免用户阅读大量非目标分面相关的内容，降低了用户时间成本。

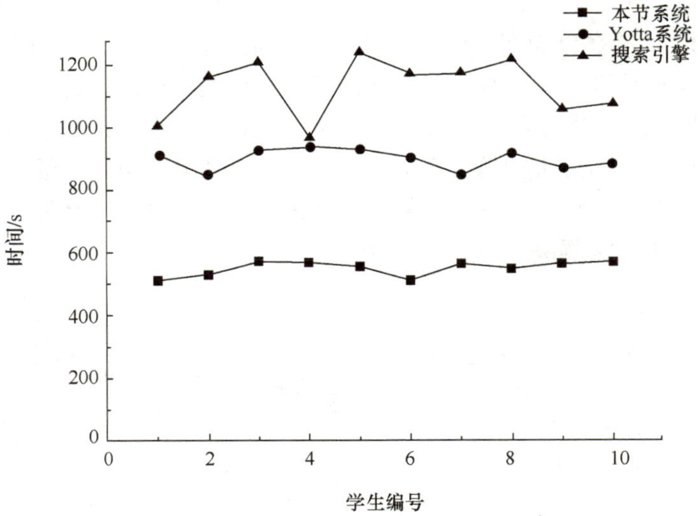

图 7.20　内容理解任务完成时间统计图

综上所述，本节提出的知识森林可视化方法在定位相关元素方面有明显优势，该方法能帮助学习者快速检索想要了解的内容，极大提高学习者的学习效率。

7.3　AR 交互场景可视化

AR 是一种将真实世界信息和虚拟世界信息“无缝”集成的新技术。该技术将原本在现实世界的一定时间空间范围内很难体验到的实体信息（如视觉信息、声音、味道、触觉等），通过电脑等科学技术模拟仿真后再叠加，将虚拟的信息应用到真实世界，被人类感官所感知，从而达到超越现实的感官体验。AR 技术使得真实的环境和虚拟的物体被实时地叠加到同一个画面或空间。

AR 技术的研究已经持续了十多年。早期，为了实现虚实结合，必须佩戴透视式头盔显示器。然而，这些头盔和立体眼镜制造昂贵并且设备沉重。随着计算机视觉技术的发展，AR 开始通过二维图片的标记进行定位。只需要一个普通的摄像头就可以捕捉到标记，利用软件计算出标记的位置和方向，并将虚拟的三维几何对象跟随该位置和方向进行实时叠加，用户可以直接通过计算机屏幕或投影设备看到虚实融合的场景。

AR 技术很好地匹配了情景教学和建构主义教育思想，其在教育领域具有很好的应用前景。具体而言，AR 技术运用到教育领域的优点可概括为以下几点[224]：①将抽象的学习内容可视化、形象化。AR 通过让学生亲自接触 3D 模型来增强学习体验，提高学生对现实情境的视觉感知能力。学习者能够从不同的视角观察 3D 模型，从而增强对现实事物的理解。②支持泛在环境下的情境式学习。AR 系统能够在真实环境中的电脑仿真技术、游戏、模型和虚拟物体的帮助下，使无处不在的合作式和情境式学习得到加强，让学生在真实空间中玩虚拟游戏，提升学生对环境的感知，促使他们结合所有环境因素做出明智的决定。③提升学习者的存在感、直觉和专注度。AR 技术给学习者一个特殊的空间，让他们感觉到跟其他人同处一个位置，同时通过提供即时反馈和语音或非语音的提示来培养学生的直觉，进而加强学生对学习社区的认知。④使用自然方式交互学习对象，即 AR 教育可模拟出“真实体验感”。例如，基于 AR 技术的凸透镜成像实验，学生动手直接操作虚拟的蜡烛、透镜来改变物距，观察不同的实验现象，这种非鼠标、非键盘操作的自然交互方式，与做真实实验的感觉基本一致。

基于 AR 技术在教育领域的诸多优势，本节构建了基于 AR 技术知识森林（augmented reality knowledge forest，ARKF）可视化系统。7.3.1 小节展示 ARKF 系统的整体框架，7.3.2～7.3.5 小节给出 ARKF 系统中四个关键技术的原理，7.3.6 小节给出 ARKF 系统的真实使用场景。

7.3.1　整体框架

知识森林的构建旨在帮助学习者解决难以有效获得所需资源的问题，实现个性化学习。在此基础上，为了将已经构建好的知识森林以直观、清晰、生动的方式展示给用户，本节运用 AR 技术，实现了基于知识森林数据库的 AR 应用系统——ARKF 系统，为小学生、中学生、大学生及相关专业人士提供系统、全面、有趣、新颖、高效和个性化的学习平台。

如图 7.21 所示，ARKF 系统框架分为三层，分别是知识森林数据层、服务层和用户层。其中，知识森林数据层主要包括知识森林数据库以及用户的账户信息和学习日志等；服务层主要实现了文字识别、场景判别、课程判别、分面树和沙盘生成以及学习路径推荐等功能；用户层主要包括相机拍摄、AR 展示、关键词追踪和导航学习等功能。

为了减少学习者的操作步骤，使得系统更加智能化，ARKF 系统实现了智能判别学习者意图的场景判别器和课程判别器，即框架图中场景判别和课程判别的部分，这部分原理将在 7.3.2 小节介绍。

在分面树场景中，ARKF 系统识别出相关课程的主题关键词后，生成跟踪框

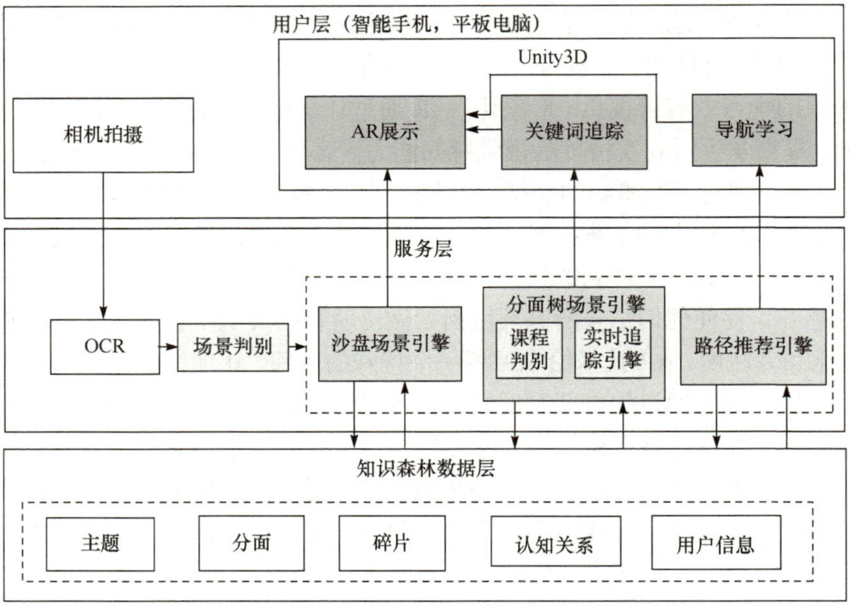

图 7.21　ARKF 系统框架图

进行实时跟踪，即使移动设备在使用的过程中有移动，跟踪框也可以实时对课本上的知识主题关键词进行跟踪，即框架图中的实时追踪引擎模块，这部分原理将在 7.3.3 小节介绍。

ARKF 系统设计了知识森林在两种 AR 场景下的可视化。其中，分面树场景实现了知识主题驱动的学习，学习者可以扫描并识别课本上的文字，激活知识主题进行学习，利用分面导航，学习者不需要花费大量精力就可以获取到自己感兴趣主题的知识碎片，有效地解决了认知过载的问题。另外，沙盘场景实现了知识森林驱动的学习，学习者可以获得一门课程所有主题的概览，以及主题之间的认知关系，进而获得一条学习导航路径，有效地缓解了学习迷航的问题。这部分原理将在 7.3.4 小节介绍。

ARKF 系统利用知识森林中的认知关系数据，为学习者提供了导航学习的功能，学习者选择一个感兴趣的知识主题后，ARKF 系统会为学习者规划出这个主题的导学路径。这部分原理将在 7.3.5 小节介绍。

7.3.2　场景判别和课程判别方法

ARKF 系统可以智能判别学习者意图的场景判别器和课程判别器。在 ARKF 系统的扫描界面，学习者只需要扫描一本书的封面或者其中的任意一页，系统会自动判断出学习者的学习意图，无须学习者进行进一步的选择。场景判别器可以判断用户想学习一个主题还是一门课程的内容。在分面树场景中，课程判别器可以主动判断用户选择主题所属的课程。ARKF 系统场景判别和课程判别的算法流程如图 7.22 所示。

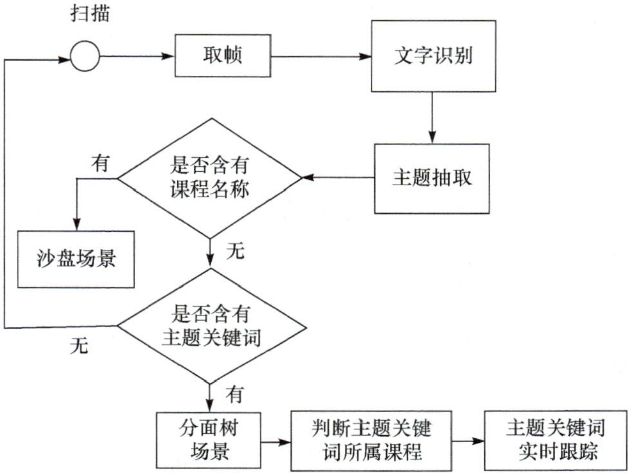

图 7.22　ARKF 系统场景判别和课程判别的算法流程

具体来说，场景判别主要分为两步：①初步区分场景。分析发现，一些特定的词语，如“出版社”和“教材”等，包括一些课程的名字，如“计算机组成原理”和“数学”等，一般会出现在书本封面。因此，在利用光学字符识别(optical character recognition，OCR[①])服务得到封面或者某一页的文字后，该系统将首先检测文字是否包含特定词语，如“出版社”“教材”和“教科书”等。如果未包含，则认为用户扫描的是书中具体的一页，而非封面，系统判定场景为分面树场景。如果包含特定词语，则跳转到步骤②。②为潜在沙盘场景判断具体课程。在已经得知文字包含特定词语后，系统认为用户扫描的是一本书的封面，接着将文字与数据库中已构建的课程名进行匹配。如果文字中包含已构建课程的课程名，那么系统判定场景为沙盘场景并返回课程名。如果文字未包含已构建课程的课程名，那么提示“扫描的课本还未构建知识森林”，不返回任何场景，返回扫描页，重新扫描另一本书的封面或者书本内一页内容。

在场景判别器已经判别场景为分面树场景后，ARKF 系统使用课程判别器来判断用户所扫描的一页文本最大概率地属于哪门课程，实现自动判断用户意向课程的目的。课程判别器进行判别的主要步骤为①获取候选课程。将 OCR 得到的一页书中的文字与数据库中所有主题进行匹配，统计文字中出现的主题数和对应的

① OCR：百度 OCR 提供的带位置信息的通用文字识别的接口，接口的输入为取帧的图片，返回图片中的所有文字信息以及按行返回每一行文字的矩形边框坐标。

课程，进而统计出此页内容包含在每门课程中的主题数，选择包含主题数最多的3 门课程作为候选课程。②最终确定课程。利用匹配到的主题词的上下文进行分析，计算得到各个主题词属于各门课程的概率，最终对一门课程中所有主题词出现的概率进行加权求和，选择 3 门候选课程中求和结果最大的一门课作为最终选择的课程，即课程判别器的输出，为后续第二次主题词匹配提供课程依据。

7.3.3 知识主题实时跟踪方法

在分面树场景中，系统识别出相关课程的主题关键词后，在关键词外生成追踪框进行实时追踪。为了保证系统的稳定性，AR 设备在用户实际使用过程中发生位置移动时，追踪框也要实时对课本上的知识主题进行追踪，即在目标检测(长方形框出)的基础上，预测下一帧长方形的位置。

实现知识主题实时追踪的具体步骤分为两步：①主题检测。在分面树场景中，由课程判别器判别出课程并对知识主题进行匹配，同时利用 OCR 接口得到每一行文字的位置信息，以此得到每一个知识主题矩形边框的坐标，此坐标值包括该知识主题矩形边框距页面最上方的距离、距页面最左侧的距离、矩形边框的高度和长度。②主题追踪。Bolme 等[225]在 2010 年首次将相关滤波用在了跟踪领域，提出一种基于误差最小平方和滤波器(minimum output sum of squared error filter，MOSSE)的跟踪算法。该算法不断改进，发展成熟，已被集成于开放计算机视觉应用平台 OpenCV①中。ARKF 系统调用 OpenCV 库中的 MOSSE 算法，利用由上述方法得到的知识主题及其坐标信息，实现了对一页书中的知识主题的实时追踪。ARKF 系统会在所有已识别出的知识主题上生成一个外接矩形的追踪框，即使设备在使用过程中有移动或者抖动，设备屏幕上的追踪框也会一直跟随知识主题进行移动。

7.3.4 分面树与沙盘的自动绘制算法

本节主要介绍 ARKF 系统中知识森林在分面树场景与沙盘场景下的自动绘制算法。

1. 分面树自动绘制算法

知识森林中不同主题拥有的分面数和碎片数不同，因此不同主题分面树形状也不同，基于此，本节提出基于统计分析以及打点定位的分面树自动绘制算法。

对已经构建的知识森林数据进行统计分析，发现树结构最大层次为 3，包含的

① OpenCV 是一个开放源代码的跨平台计算机视觉应用平台，由英特尔公司下属研发中心俄罗斯团队发起，该项目目标是实现实时计算机视觉。

最大一级分面数为 15，最大二级分面数为 10。在此基础上，利用 3d Max①制作的树模型，包括树干、树枝和树叶，在树干上合适的位置打 15 个点来放置一级树枝，在一级树枝上合适的位置打 10 个点来放置二级树枝，规定所有的子树枝只能在所打的点处以固定的角度来放置，保证了树枝之间没有交叉。基于分面树自动绘制算法，自适应地生成了简洁美观、易于交互的主题分面树。生成的“C 语言”主题分面树 AR 场景如图 7.23 所示。

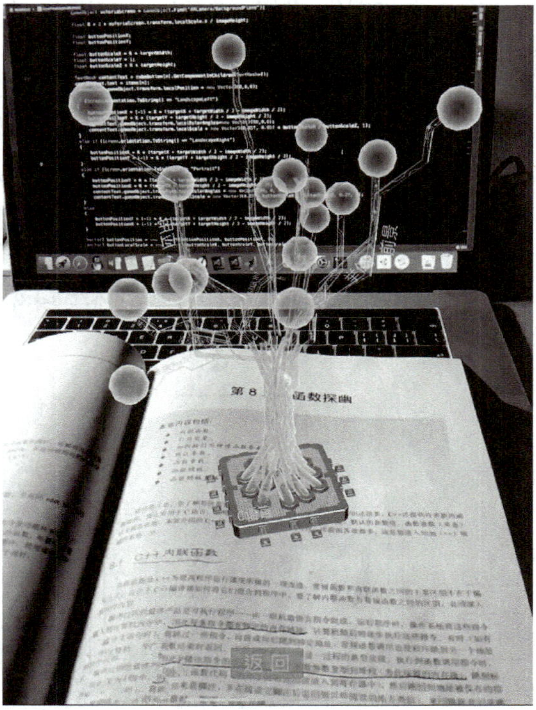

图 7.23　“C 语言”主题分面树 AR 场景

2. 沙盘自动绘制算法

针对知识森林不同课程含有的主题数不同的特征而导致不同课程沙盘也不同的问题，本节提出基于社团检测和力导向图布局的沙盘自动绘制算法。

移动设备屏幕大小有限，而一门课程一般有数十个主题，个别课程甚至有上百个主题，如果将所有主题分面树全部展示在沙盘中会十分拥挤，严重影响可视化体验。因此，引入簇的概念，将一门课程中的所有主题划分成若干个簇。首先，

① 3D Studio Max，常简称为 3d Max 或 3ds MAX，是 Discreet 公司开发的（后被 Autodesk 公司合并）基于 PC 系统的三维动画渲染和制作软件。

在沙盘中展示各个簇的信息以及各个簇之间的关系。然后，在进入一个簇后，展示这个簇内的所有知识主题以及知识主题间的认知关系，这时沙盘中知识主题数量已经大大减少，学习者可以看到布局更加合理、清晰、易于交互的课程沙盘。基于上述考虑，本节的沙盘自动绘制算法包括知识簇间布局算法和知识簇内布局算法两部分。

知识簇间沙盘展示了各个知识簇的信息及其之间的关系，知识簇间布局算法原理如图 7.24 所示。Pons 等[226]在 2005 年提出一种创新的社团发现算法——walktrap 算法。该算法是最早的基于随机游走(random walk)[227]的社团发现算法之一，其先评估节点属于同一社区的概率，再用分层聚类的方式发现社区。ARKF 系统将从数据库中提取到的知识信息通过 walktrap 算法进行社团检测划分为簇，将每个知识簇的知识主题含量作为权重确定其在可视化图形中所占的比例。为了使知识簇的分布体现簇间的学习先后序关系，并使分布区域的大小和自身簇内的知识主题数量一致，在满足美观性的条件下，使用一个幂函数对其权重进行均衡，这样既保证了根据知识簇的权重大小区分其含有的知识主题数量，同时也避免了权重差距过大的问题。

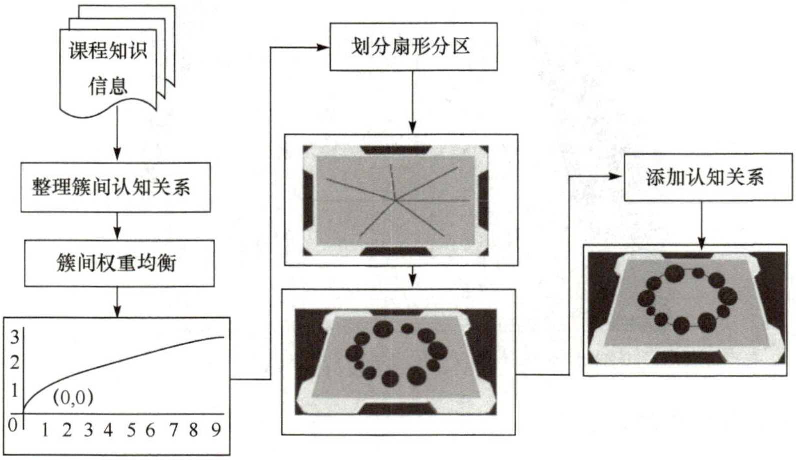

图 7.24　知识簇间布局算法原理图

利用得到的权重将整个图形分成若干个扇形区域，扇形的圆心角大小对应权重的大小，然后将每个知识簇划分到所属的扇形区域内，从而达到簇的布局美观合理的效果。经过以上布局，生成的高二数学课程簇间沙盘场景如图 7.25 所示。

知识簇内沙盘展示了一个簇内所有知识主题以及主题间的认知关系。知识簇内主题布局算法原理如图 7.26 所示。对于每个簇内知识主题的布局，认知关系更加复杂多样，其需要保证如下三点准则：最小化边交叉、最小化边弯曲和最大化分散性。本节将知识主题分成三个类别：①只有一个连接点的知识主题归为第一类知识主题，由于只有一个连线引出或进入该知识主题，尽可能将第一类知识主题放在簇内沙盘的外围；②将与第一类知识主题直接相连的知识主题归为第二类知识主题，这一类知识主题是连接一类知识主题的枢纽，将其放在沙盘的中间层，以保证和外围的一类主题完美连接的同时也能很好地连接剩余的知识主题；③所有剩余的知识主题被划分为第三类，由于它们不与最外围的一类知识主题直接相连，而往往互相连接或者作为第二类知识主题相互连接的中间点，将这类点放在沙盘的最内部。通过以上方法确定一个良好的初始布局，可以尽可能减少边的交叉。

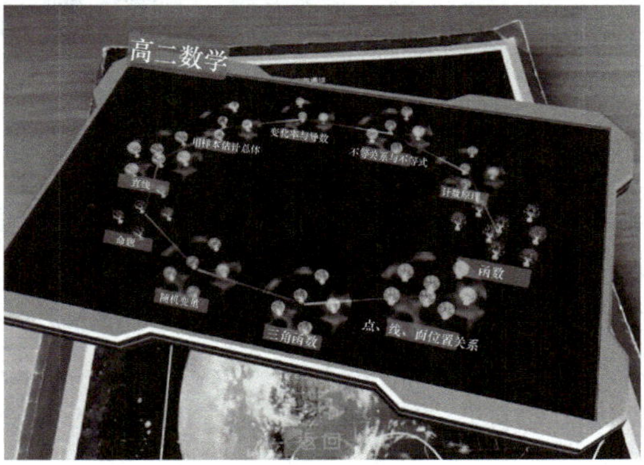

图 7.25　高二数学课程簇间沙盘场景图

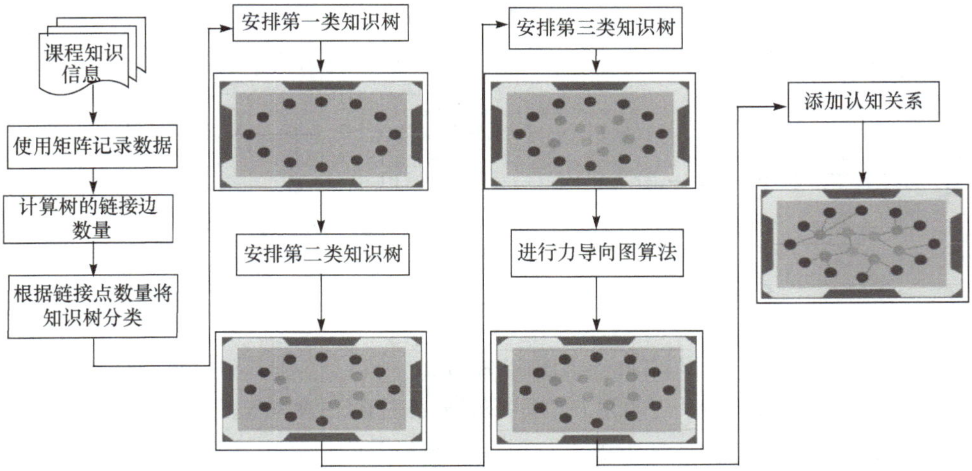

图 7.26　知识簇内主题布局算法原理图

通过以上方法对知识主题进行初始布局后，运用力导向图算法调整布局，得到的平衡布局即可达到一般的审美需求，并且可以清楚地展示各个知识主题之间的认知关系。经过以上布局后，生成的“函数”簇内主题及认知关系图如图 7.27 所示。

图 7.27　“函数”簇内主题及认知关系图

7.3.5　导航学习路径推荐方法

导航学习路径是基于主题间认知关系所生成的。当系统捕获到用户输入的目标主题时，可得到该主题所在课程下的所有主题及其认知关系。如图 7.28 所示，认知关系所形成的图是一个有向无环图。其中，由字母标记的节点表示主题；带箭头的连接边表示认知关系，箭头起始节点为先序主题，箭头指向的节点为后序主题，后序主题与先序主题存在依赖关系。可以形式化地表示为

$$\begin{cases} G=(V,E) \\ V=\{A,B,C,\cdots,L\} \\ E=\{<B,A>,<C,B>,<D,B>,\cdots,<L,K>\} \end{cases} \tag{7.10}$$

式中，G 为认知关系图；V 为主题节点集合；E 为认知关系边集合。

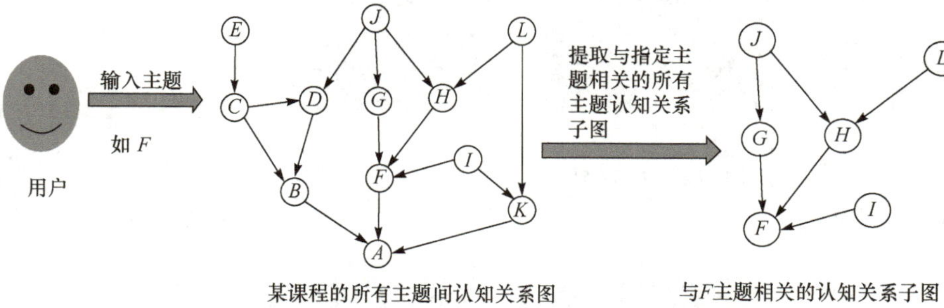

图 7.28　与目标主题相关的认知关系子图提取示意图

然后，从认知关系图 G 中提取与目标主题相关的认知关系子图，如图 7.28 右边部分是与 F 主题相关的认知关系子图。提取方法是以目标主题为终点，根据认知关系的有向图，向上回溯，直到找到没有先序主题的节点。

最后，基于提取的认知关系子图，对节点排序，得到推荐的学习路径。考虑到学习者往往希望能够连贯地学习知识，本节规定当满足先序主题时，学习与当

前主题相关的下一个主题。例如，图 7.28 的认知关系子图中，在学习了主题 J 之后应该学习主题 G，而不是主题 L，因为 G 和 J 是有关联的两个主题，它们之间的知识具有依赖与被依赖关系，而 L 和 J 没有认知关系，即它们之间的关联性弱，甚至没有。

根据上述分析可知，推荐路径时应该遵守两个基本原则：①先序主题必须先于后序主题学习；②当满足原则①时，应当优先学习依赖于当前主题的后序主题。因此，导学路径的生成可以抽象为满足上述两项原则的拓扑排序。实现拓扑排序的方法通常分为两种：深度优先拓扑排序与广度优先拓扑排序。深度优先拓扑排序是通过对图进行深度优先搜索来寻找拓扑序列，广度优先拓扑排序是通过对图进行广度优先搜索来寻找拓扑排序。基于上述提到的原则②，ARKF 系统参考深度优先拓扑排序思想，设计出了学习路径推荐算法。由上述算法生成的路径是一条由起点主题到目标主题且中间没有分岔路的链表，如图 7.29 是主题 J 到主题 F 的导学路径。导学路径上的主题节点个数取决于目标主题，可能是 1 个节点，也可能多达十几个节点。为了得到美观合理的排布，ARKF 系统采用“N”字形布局，将路径上所有节点按序交替地均匀分为两行，节点可以松散且清晰地得以展示。以沙盘中心为原点建立直角坐标系，设节点数量为 n，对于第 i 个节点的位置坐标计算公式如下：

$$\begin{cases} x_i = \dfrac{i}{n+1} - 0.5 \\ y_i = 0.25 \times (-1)^i \end{cases} \tag{7.11}$$

式中，x_i 为第 i 个节点的横坐标；y_i 为第 i 个节点的纵坐标。

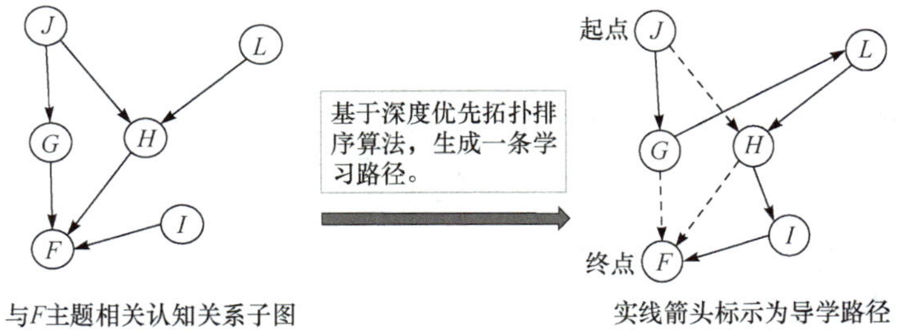

图 7.29　主题 J 到主题 F 的导学路径生成示意图

经过以上方法的布局和可视化，以“连通图”为目标主题的导学路径效果如图 7.30 所示，图中展示了数据结构这门课程下，以“连通图”为目标主题生成的导航学习路径。

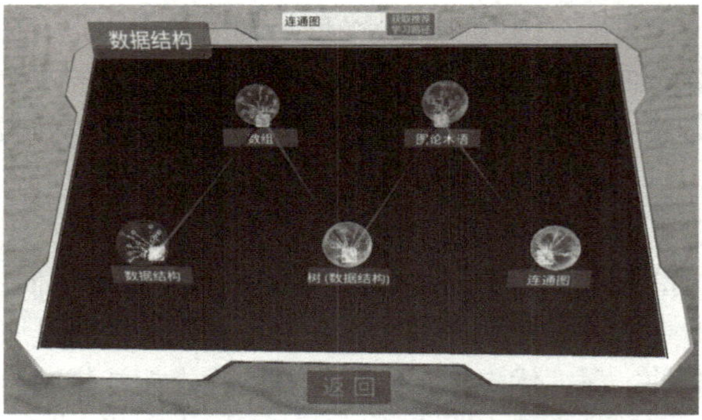

图 7.30　以“连通图”为目标主题的导学路径效果图

7.3.6　ARKF 系统使用场景展示

ARKF 系统无须昂贵的设备和复杂的操作，以 APP 的形式呈现，适用于 iOS、Android 和 Windows 等主流平台，学习者只需下载 APP 到移动设备，如手机、平板电脑，就可以感受到 ARKF 系统带来的新颖体验以及知识森林对于学习带来的帮助。ARKF 系统的使用流程如图 7.31 所示。

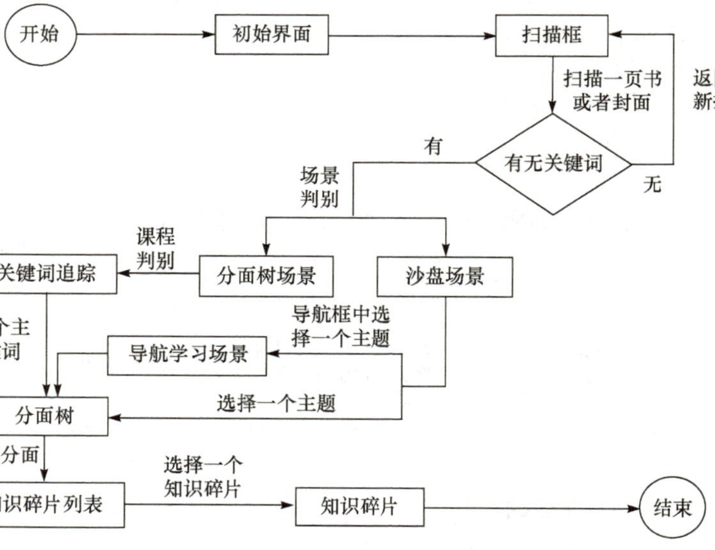

图 7.31　ARKF 系统的使用流程图

具体而言，进入 APP 后，ARKF 系统初始界面是一个扫描框，如图 7.32 所示。

当学习者想要学习一门课程的相关知识点时，可以使用扫描框来扫描相关课本的封面、扉页或者书中具体的某一页。系统会识别所扫描页面中包含的知识主题和课程名。如果没有匹配到任何知识主题和课程名，会返回扫描框，可以重新进行扫描。如果匹配到关键词，场景判别器会判断学习者的学习意图。如果学习

图 7.32　ARKF 系统初始界面

者扫描的是一本书的封面，那么系统将判定学习者想要整体学习这门课程，返回这门课程的沙盘场景。如果学习者扫描的是具体的某一页内容，系统将判定学习者想要学习这页内容中所包含的知识主题，返回分面树场景。下面分别展示上述两个场景。

1. 分面树场景展示

在分面树场景中，学习者通过分面树学习知识主题。当学习者使用课本学习时，如果想学习某一个知识主题，可以通过 ARKF 系统扫描框，如图 7.33(a)所示，对包含这个主题的某一页进行扫描。扫描后，系统会识别出此页文字中包含的相关课程的所有主题关键词，并在关键词外生成追踪框进行实时追踪，即使移动设备在使用的过程中有移动，追踪框也可以实时对课本上的知识主题进行追踪，如图 7.33(b)所示。当学习者点击想要学习的知识主题后，系统将以 AR 的形式生成这个知识主题的分面树，具体来说，分面树对应主题，树枝对应主题下的分面，树叶对应相应分面下的知识碎片集。点击一片树叶，会出现这个分面下的所有知识碎片列表，图 7.34(a)为主题“C 语言”AR 形式的分面树。选择感兴趣的知识碎片，系统跳转到如图 7.34(b)所示的知识碎片页面，学习者可以学习该知识碎片的详细内容。点击右下角的按钮，返回知识碎片列表，学习者可以选择其他知识碎片进行学习。在主题分面树页面再点击“返回”，系统回到扫描界面，学习者可以扫描另外一页内容进行学习。

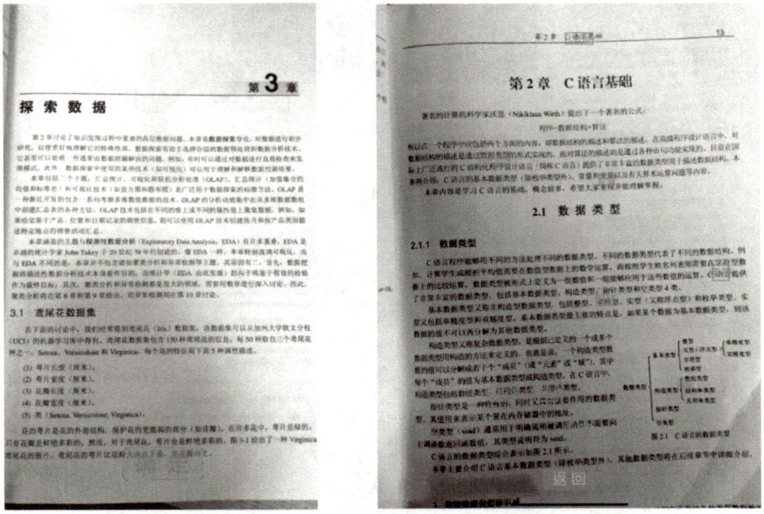

(a) ARKF系统扫描框　　(b) 关键词识别及追踪

图 7.33　C 语言课程界面

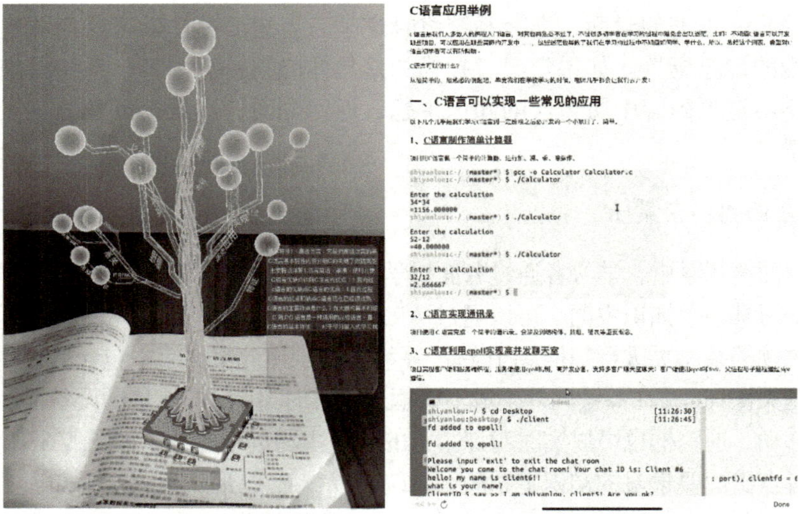

(a) AR形式的分面树　　(b) 知识碎片

图 7.34　ARKF 系统中“C 语言”主题分面树及知识碎片

2. *沙盘场景展示*

在沙盘场景中，学习者通过沙盘和知识簇来整体学习一门课程。用户在使用课本学习时，如果想整体了解一门课程的知识架构或者想获得知识主题间的学习导航，可以通过 ARKF 系统的扫描框，对课本的封面进行扫描。系统会识别出这门课程，点击课程名即可跳转到相关课程的沙盘场景。

在沙盘场景中，ARKF 系统利用社团检测算法，将所有主题分为不同的簇，簇与簇间的连线表示簇与簇之间的学习先后序关系。如图 7.35 是数据结构课程的沙盘场景。学习者可以概览课程的所有主题，簇与簇间也为学习者的学习提供了先后关系的指引。

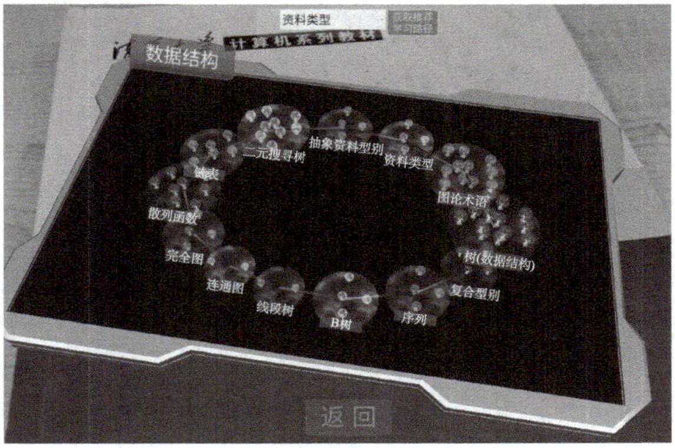

图 7.35　数据结构课程的沙盘场景

当学习者想要快速学习具体的一个主题时，可以使用系统界面上方的选择框选择这门课程下的任意一个主题，点击“获取推荐学习路径”按钮后，系统会为学习者推荐到达这个主题的学习路径。如图 7.36 显示了主题“连通图”的导航学习路径，在学习“连通图”这个主题之前需要学习“数据结构”和“数组”等主题。

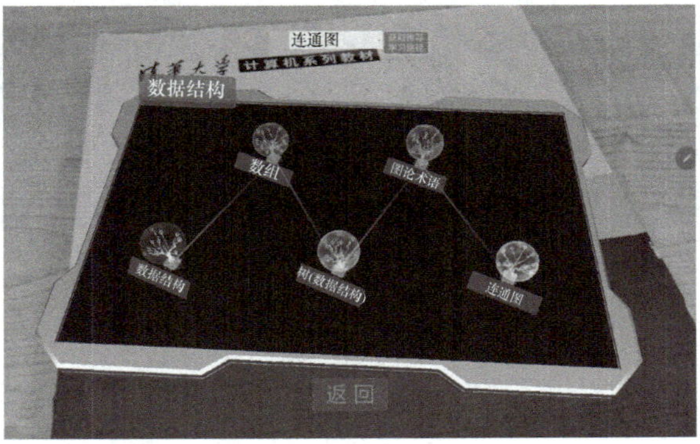

图 7.36　主题“连通图”的导航学习路径

在课程沙盘界面点击某个知识簇后，簇内的所有主题及主题间的认知关系将被展示，如图 7.37 展示了簇“散列函数”中的主题及认知关系。主题与主题之间的认知关系为学习者提供了导航，可以有效地缓解学习迷航的问题。学习者可以选择自己感兴趣的主题，进而跳转到分面树场景，对一个主题进行具体的学习，如图 7.38 是“哈希表”的主题分面树。点击“返回”按钮，系统返回知识簇界面，学习者可以选择另外一个主题进行学习。接着点击“返回沙盘”按钮，系统回到沙盘场景，学习者可以选择另外一个簇进行学习。接着点击“返回”按钮，系统返回扫描界面，学习者可以扫描另一本书的封面进行学习。

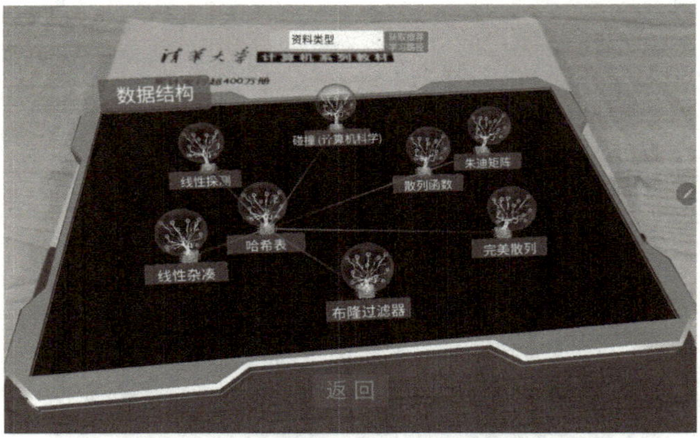

图 7.37　簇“散列函数”中的主题及认知关系

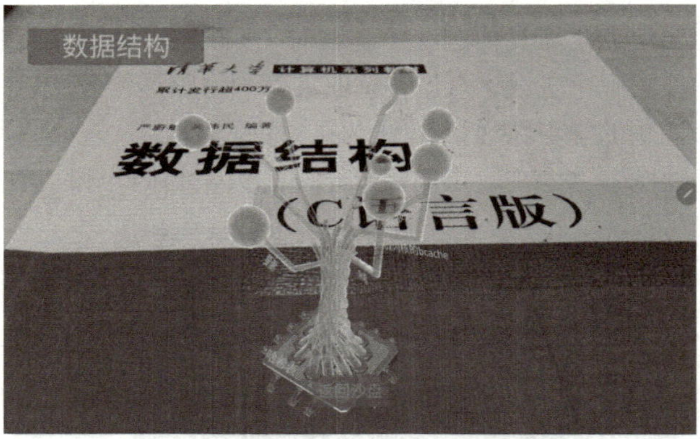

图 7.38　“哈希表”的主题分面树

7.4　小　　结

本章介绍了知识森林可视化交互技术，给出了 2D 可视化中的主题分面树绘制算法与认知关系布局算法，提出了基于焦点+上下文的圆形布局交互方法。并且，引入 AR 交互技术，设计了分面树与沙盘两种交互场景，提出了场景判别、课程判别、知识主题实时跟踪、分面树与沙盘自动绘制和导航学习路径推荐等一系列方法。

参 考 文 献

[1] LIU W, LIU J, WANG M, et al. Faceted fusion of RDF data[J]. Information Fusion, 2015, 23: 16-24.
[2] WEI B, LIU J, ZHENG Q, et al. A Survey of faceted search[J]. Journal of Web Engineering, 2013, 12(1-2): 41-64.
[3] FLORAX M, PLOETZNER R. What contributes to the split-attention effect? The role of text segmentation, picture labelling, and spatial proximity[J]. Learning and Instruction, 2010, 20(3): 216-224.
[4] DONG X, GABRILOVICH E, HEITZ G, et al. Knowledge vault: A Web-scale approach to probabilistic knowledge fusion[C]. Proceedings of the 20th ACM SIGKDD International Conference on Knowledge Discovery and Data Mining, New York, USA, 2014: 601-610.
[5] LIU J, JIANG L, WU Z, et al. Mining learning-dependency between knowledge units from text[J]. The VLDB Journal, 2011, 20(3): 335-345.
[6] BROEK P. Using texts in science education: Cognitive processes and knowledge representation[J]. Science, 2010, 328(5977): 453-456.
[7] 白新国，田蕴慧. 基于主题图的教育文献资源组织模型与应用研究[J]. 计算机与数学工程, 2010, 38(10): 47-49.
[8] 白新国. 基于主题图的教育文献资源组织模型与应用研究[D]. 武汉：华中师范大学, 2008.
[9] ISO/IEC 13250-3:2013 [S/OL]. [2020-02-04]. https://www.iso.org/standard/59303.html.
[10] OASIS Topic Maps Published Subjects Technical Committee [S/OL]. [2020-09-08]. http://www.oasis-open.org/committees/tm-pubsubj/docs/recommendations/general.htm.
[11] DICHEVA D, DICHEV C. Creating and browsing educational topic maps[J]. British Journal of Educational Technology, 2010, 37(3):391-404.
[12] 郑庆华，董博，钱步月，等. 智慧教育研究现状与发展趋势[J]. 计算机研究与发展, 2019, 56(1):213-228.
[13] CAFARELLA M J, HALEVY A, WANG D Z, et al. WebTables: Exploring the power of tables on the web[J]. Proceedings of VLDB Endowment, 2008, 1(1): 538-549.
[14] CAFARELLA M J, MADHAVAN J, HALEVY A. Web-scale extraction of structured data[J]. SIGMOD Record, 2009, 37(4): 55-61.
[15] VENETIS P, HALEVY A, MADHAVAN J, et al. Recovering semantics of tables on the web[J]. Proceedings of VLDB Endowment, 2011, 4(9): 528-538.
[16] MINTZ M, BILLS S, SNOW R, et al. Distant supervision for relation extraction without labeled data[C]. Proceedings of the Joint Conference of the 47th Annual Meeting of the ACL and the 4th International Joint Conference on Natural Language Processing of the AFNLP, Suntec, Singapore, 2009: 1003-1011.
[17] BORDES A, WESTON J, COLLOBERT R, et al. Learning structured embeddings of knowledge bases[C]. Proceedings of the AAAI, San Francisco, USA, 2011: 301-306.
[18] LV X, HOU L, LI J, et al. Differentiating concepts and instances for knowledge graph embedding[J]. Proceedings of the EMNLP, Brussels, Belgium, 2018: 1971-1979.
[19] WU W, LI H, WANG H, et al. Probase: A probabilistic taxonomy for text understanding[C].

Proceedings of the 2012 ACM SIGMOD International Conference on Management of Data, Scottsdale, USA, 2012: 481-492.

[20] ZHENG Q, LIU J, ZENG H, et al. Knowledge forest: A novel model to organize knowledge fragments[J]. Science China (Information Sciences), 2019.

[21] LIU J, WANG J, ZHENG Q, et al. Topological analysis of knowledge maps[J]. Knowledge-Based Systems, 2012, 36(6): 260-267.

[22] ZHUO Y, ZHOU T, RAO H, et al. Contributions of the visual ventral pathway to long-range apparent motion[J]. Science, 2003, 299(5605): 417-420.

[23] WIEGMANN D A, DANSEREAU D F, MCCAGG E C, et al. Effects of knowledge map characteristics on information processing[J]. Contemporary Educational Psychology, 1992, 17(2): 136-155.

[24] PAŞCA M, VAN D B. Weakly-supervised acquisition of open-domain classes and class attributes from web documents and query logs[C]. Proceedings of the ACL, Columbus, Ohio, 2008: 19-27.

[25] BING L, LAM W, WONG T L. Wikipedia entity expansion and attribute extraction from the web using semi-supervised learning[C]. Proceedings of the international conference on Web search and data mining, Rome, Italy, 2013: 567-576.

[26] LEE T, WANG Z, WANG H, et al. Attribute extraction and scoring: A probabilistic approach[C]. Proceedings of the International Conference on Data Engineering (ICDE), Brisbane, Australia, 2013: 194-205.

[27] WEI B, LIU J, ZHENG Q, et al. DF-Miner: Domain-specific facet mining by leveraging the hyperlink structure of wikipedia[J]. Knowledge-Based Systems, 2015, 77:80-91.

[28] WEI B, LIU J, MA J, et al. DFT-extractor: A system to extract domain-specific faceted taxonomies from wikipedia[C]. International World Wide Web (WWW), Seoul, Korea, 2014: 277-280.

[29] GUO Z, WEI B, LIU J, et al. TF-Miner: Topic-specific facet mining by label propagation[C]. Proceedings of the 24th International Conference on Database Systems for Advanced Applications (DASFAA), Chiang Mai, Thailand, 2019: 457-460.

[30] DILEK H, TUR G, CELIKYILMAZ A, et al. Multi-domain joint semantic frame parsing using Bi-directional RNN-LSTM[C]. Proceedings of the 17th Annual Meeting of the International Speech Communication Association (INTERSPEECH), San Francisco, USA, 2016: 715-719.

[31] YU A W, DOHAN D, LUONG M T, et al. Qanet: Combining local convolution with global self-attention for reading comprehension[C]. International Conference on Learning Representations (ICLR), Vancouver, Canada, 2018.

[32] HEARST M A. Automatic acquisition of hyponyms from large text corpora[C]. Proceedings of the 14th International Conference on Computational Linguistics, Nantes, France, 1992: 539-545.

[33] ORTEGA-MENDOZA R M, LUIS V P, MANUEL M. Using lexical patterns for extracting hyponyms from the web[C]. Proceedings of the Mexican International Conference on Advances in Artificial Intelligence, Aguascalientes, Mexico, 2007: 904-911.

[34] FU R, GUO J, QIN B, et al. Learning semantic hierarchies via word embeddings[C]. Proceedings of the 52nd Annual Meeting of the Association for Computational Linguistics, Baltimore, USA, 2014: 1199-1209.

[35] WANG C, HE D. Chinese hypernym-hyponym extraction from user generated categories[C]. Proceedings of the 26th International Conference on Computational Linguistics: Technical Papers(COLING), Osaka, Japan, 2016: 1350-1361.

[36] LI J, WANG C, HE X, et al. User generated content oriented chinese taxonomy construction[C]. Proceedings of the Web Technologies and Applications-17th Asia-Pacific Web Conference, Guangzhou, China, 2015: 623-634.

[37] FAN Y, WANG C, ZHOU G, et al. Dkgbuilder: An architecture for building a domain knowledge graph from scratch[C]. Proceedings of the International Conference on Database Systems for Advanced Applications, Suzhou, China, 2017: 663-667.

[38] CUTTING D R, KARGER D R, PEDERSEN J O, et al. Scatter/Gather: A cluster-based approach to browsing large document collections[C]. Proceedings of the 15th International ACM SIGIR Conference on Research and Development in Information Retrieval, Copenhagen, Denmark, 1992: 318-329.

[39] CARMEL D, ROITMAN H, ZWERDLING N. Enhancing cluster labeling using wikipedia [C]. Proceedings of the 32nd International ACM SIGIR conference on Research and Development in Information Retrieval, Boston, USA, 2009: 139-146.

[40] RADEV D R, JING H, STYS M, et al. Centroid-based summarization of multiple documents [J]. Information Processing and Management, 2004, 40(6): 919-938.

[41] 骆雄武, 万小军, 杨建武, 等. 基于后缀树的 Web 检索结果聚类标签生成方法[J]. 中文信息学报, 2009, 23(2): 83-88.

[42] DEVLIN J, CHANG M, LEE K, et al. BERT: Pre-training of deep bidirectional transformers for language understanding [C]. Proceedings of NAACL-HLT, Minneapolis, Minnesota, 2018: 4171-4186.

[43] ZHANG W, ZHAO D, WANG X, et al. Agglomerative clustering via maximum incremental path integral[J]. Pattern Recognition, 2013, 46(11): 3056-3065.

[44] WEI B, LIU J, MA J, et al. Motif-based hyponym relation extraction from wikipedia hyperlinks [J]. IEEE Transactions on Knowledge and Data Engineering, 2014, 26(10): 2507-2519.

[45] WEI B, LIU J, MA J, et al. MOTIF-RE: Motif-based hypernym/hyponym relation extraction from wikipedia links[C]. The 19th International Conference on Neural Information Processing (ICONIP), Doha, Qatar, 2012: 610-619.

[46] RIBEIRO P, SILVA F. G-Tries: An efficient data structure for discovering network motifs [J]. Proceedings of the ACM Symposium on Applied Computing, Sierre, Switzerland, 2010: 1559-1566.

[47] BLEI D M, NG A Y, JORDAN M I. Latent dirichlet allocation[J]. Journal of machine Learning research, 2003, 3: 993-1022.

[48] CHEN W, LAN A S, CAO D, et al. Behavioral analysis at scale: Learning course prerequisite structures from learner clickstreams[C]. International Conference on Educational Data Mining (EDM), Buffalo, USA, 2018: 66-75.

[49] CHAPLOT D S, YANG Y, CARBONELL J, et al. Data-driven automated induction of prerequisite structure graphs[C]. International Conference on Educational Data Mining (EDM),

Raleigh, USA, 2016: 318-323.
[50] LIANG C, YE J, WU Z, et al. Recovering concept prerequisite relations from university course dependencies[C]. Thirty-First AAAI Conference on Artificial Intelligence, San Francisco, USA, 2017: 4786-4791.
[51] ROY S, MADHYASTHA M, LAWRENCE S, et al. Inferring concept prerequisite relations from online educational resources[C]. Proceedings of the AAAI Conference on Artificial Intelligence, Hawaii, USA, 2019, 33: 9589-9594.
[52] ADORNI G, DELL' ORLETTA F, KOCEVA F, et al. Extracting dependency relations from digital learning content[C]. Italian Research Conference on Digital Libraries, Udine, Italy, 2018: 114-119.
[53] NAFA F, KHAN J I, OTHMAN S, et al. Mining cognitive skills levels of knowledge units in text using graph tringluarity mining[C]. IEEE/WIC/ACM International Conference on Web Intelligence Workshops (WIW), Omaha, USA, 2016: 1-4.
[54] TALUKDAR P P, COHEN W W. Crowdsourced comprehension: Predicting prerequisite structure in wikipedia[C]. Association for Computational Linguistics, Montréal, Canada, 2012: 307-315.
[55] GASPARETTI F, DE MEDIO C, LIMONGELLI C, et al. Prerequisites between learning objects: Automatic extraction based on a machine learning approach[J]. Telematics and Informatics, 2018, 35(3): 595-610.
[56] LIANG C, WU Z, HUANG W, et al. Measuring prerequisite relations among concepts[C]. Proceedings of the 2015 conference on empirical methods in natural language processing, Lisbon, Portugal, 2015: 1668-1674.
[57] MANRIQUE R F. Automatic learning content sequence via linked open data[C]. ISWC-DC, Vienna, Austria, 2017: 1230-1233.
[58] LIANG C, YE J, WANG S, et al. Investigating active learning for concept prerequisite learning[C]. Thirty-Second AAAI Conference on Artificial Intelligence, New Orleans, USA, 2018: 7913-7919.
[59] WANG S, ORORBIA A, WU Z, et al. Using prerequisites to extract concept maps from textbooks[C]. Proceedings of the 25th ACM International on Conference on Information and Knowledge Management, Virtual Event , Ireland, 2016: 317-326.
[60] FILLMORE C J. Frame semantics[J]. Cognitive Linguistics: Basic Readings, 2006, 34: 373-400.
[61] PETERS M E, NEUMANN M, IYYER M, et al. Deep contextualized word representations[C]. Proceedings of NAACL-HLT, New Orleans, USA, 2018: 2227-2237.
[62] LEE K, HE L, LEWIS M, et al. End-to-end neural coreference resolution[C]. Proceedings of the 2017 Conference on Empirical Methods in Natural Language Processing, Copenhagen, Denmark, 2017: 188-197.
[63] 石晶，戴国忠. 基于 PLSA 模型的文本分割[J]. 计算机研究与发展, 2007, 44(2): 242-248.
[64] 刘耀，帅远华，龚幸伟，等. 基于领域本体的文本分割方法研究[J]. 计算机科学，2018, 45(1): 128-132, 156.
[65] KOZIMA H. Text segmentation based on similarity between words[C]. Association for Computational Linguistics, Ohio, USA, 1993: 286-288.

[66] REYNAR J C. An automatic method of finding topic boundaries[C]. Association for Computational Linguistics, Las Cruces, USA, 1994: 331-333.
[67] HEARST M A. TextTiling: Segmenting text into multi-paragraph subtopic passages[J]. Computational Linguistics, 1997, 23(1): 33-64.
[68] KAUCHAK D, CHEN F. Feature-based segmentation of narrative documents[C]. Proceedings of the ACL Workshop on Feature Engineering for Machine Learning in Natural Language Processing, Ann Arbor, USA, 2005: 32-39.
[69] RABINER L R. A tutorial on hidden Markov models and selected applications in speech recognition[J]. Proceedings of the IEEE, 1989, 77(2): 257-286.
[70] HOFMANN T. Probabilistic latent semantic indexing[C]. Proceedings of the 22nd Annual International ACM SIGIR Conference on Research and Development in Information Retrieval, New York, USA, 1999: 50-57.
[71] MULBREGT P, CARP I, GILLICK L, et al. Text segmentation and topic tracking on broadcast news via a hidden Markov model approach[C]. Fifth International Conference on Spoken Language Processing, Sydney, Australia, 1998: 2519-2522.
[72] BRANTS T, CHEN F, TSOCHANTARIDIS I. Topic-based document segmentation with probabilistic latent semantic analysis[C]. Proceedings of the Eleventh International Conference on Information and Knowledge Management, New York, USA, 2002: 211-218.
[73] SUN Q, LI R, LUO D, et al. Text segmentation with LDA-based Fisher kernel[C]. Proceedings of ACL-08: HLT, Short Papers, Columbus, USA, 2008: 269-272.
[74] RIEDL M, BIEMANN C. TopicTiling: A text segmentation algorithm based on LDA[C]. Association for Computational Linguistics, Jeju Island, Korea, 2012: 37-42.
[75] MALIOUTOV I I M. Minimum cut model for spoken lecture segmentation[C]. Proceedings of the 21st International Conference on Computational Linguistics and 44th Annual Meeting of the ACL, Sydney, Australia, 2006: 25-32.
[76] GLAVAŠ G, NANNI F, PONZETTO S P. Unsupervised text segmentation using semantic relatedness graphs[C]. Association for Computational Linguistics, Berlin, Germany, 2016: 125-130.
[77] LI J, SUN A, JOTY S R. SegBot: A generic neural text segmentation model with pointer network[C]. International Joint Conferences on Artificial Intelligence, Stockholm, Sweden, 2018: 4166-4172.
[78] 苏金树，张博锋，徐昕．基于机器学习的文本分类技术研究进展[J]. 软件学报,2006,(9):1848-1859.
[79] LEWIS D D, RINGUETTE M. A comparison of two learning algorithms for text categorization[C]. Third Annual Symposium on Document Analysis and Information Retrieval, Las Vegas, USA, 1994: 81-93.
[80] JOACHIMS T. Text categorization with support vector machines: Learning with many relevant features[C]. European Conference on Machine Learning, Berlin, Germany, 1998: 137-142.
[81] ZHANG D, LEE W S. Question classification using support vector machines[C]. Proceedings of the 26th Annual international ACM SIGIR Conference on Research and Development in

Information Retrieval, Toronto, Canada, 2003: 26-32.
[82] KIM Y. Convolutional neural networks for sentence classification[C]. Empirical Methods in Natural Language Processing, Doha, Qatar, 2014: 1746-1751.
[83] ZHOU C, SUN C, LIU Z, et al. A C-LSTM neural network for text classification[J]. arXiv preprint arXiv:1511.08630, 2015.
[84] JOULIN A, GRAVE E, BOJANOWSKI P, et al. Bag of tricks for efficient text classification[C]. Proceedings of the 15th Conference of the European Chapter of the Association for Computational Linguistics: Volume 2, Short Papers, Valencia, Spain, 2017: 427-431.
[85] YAO L, MAO C, LUO Y. Graph convolutional networks for text classification[C]. Proceedings of the AAAI Conference on Artificial Intelligence, Atlanta, USA, 2019: 7370-7377.
[86] NING Y H, YU W U. Short text classification based on domain word ontology[J]. Computer Science, 2009, 36(3): 142-145.
[87] CHO S H, KANG H B. Text sentiment classification for SNS-based marketing using domain sentiment dictionary[C]. 2012 IEEE International Conference on Consumer Electronics (ICCE), Las Vegas, USA, 2012: 717-718.
[88] GARLA V N, BRANDT C. Ontology-guided feature engineering for clinical text classification[J]. Journal of Biomedical Informatics, 2012, 45(5): 992-998.
[89] FENG X, SHEN Y, LIU C, et al. Chinese short text classification based on domain knowledge[C]. Proceedings of the Sixth International Joint Conference on Natural Language Processing, Nagoya, Japan, 2013: 859-863.
[90] 马建刚，张鹏，马应龙．基于知识块摘要和词转移距离的高效司法文档分类[J]．计算机应用, 2019, 39(5):53-58.
[91] LI W , XU H . Text-based emotion classification using emotion cause extraction[J]. Expert Systems with Applications, 2014, 41(4):1742-1749.
[92] ZHANG Y, YANG Q. An overview of multi-task learning[J]. National Science Review, 2018, 5(1): 30-43.
[93] BANSAL T, BELANGER D, MCCALLUM A. Ask the GRU: Multi-task learning for deep text recommendations[C]. Proceedings of the 10th ACM Conference on Recommender Systems, Boston, USA, 2016: 107-114.
[94] LIU P, QIU X, HUANG X. Recurrent neural network for text classification with multi-task learning[C]. Proceedings of the Twenty-Fifth International Joint Conference on Artificial Intelligence, New York, USA, 2016: 2873-2879.
[95] LIU S, JOHNS E, DAVISON A J. End-to-end multi-task learning with attention[C]. Proceedings of the IEEE Conference on Computer Vision and Pattern Recognition, San Juan, Puerto Rico, 2019: 1871-1880.
[96] DUONG L, COHN T, BIRD S, et al. Low resource dependency parsing: Cross-lingual parameter sharing in a neural network parser[C]. Proceedings of the 53rd Annual Meeting of the Association for Computational Linguistics and the 7th International Joint Conference on Natural Language Processing, Beijing, China, 2015: 845-850.
[97] MISRA I, SHRIVASTAVA A, GUPTA A, et al. Cross-stitch networks for multi-task learning[C].

Proceedings of the IEEE Conference on Computer Vision and Pattern Recognition, San Juan, Puerto Rico, 2016: 3994-4003.

[98] GUO H, PASUNURU R, BANSAL M. Soft layer-specific multi-task summarization with entailment and question generation[C]. Proceedings of the 56th Annual Meeting of the Association for Computational Linguistics, Melbourne, Australia, 2018: 687-697.

[99] CARUANA R. Multitask learning: A knowledge-based source of inductive bias[C]. ICML, Amherst, USA, 1993: 41-48.

[100] COLLOBERT R, WESTON J, BOTTOU L, et al. Natural language processing (almost) from scratch[J]. Journal of Machine Learning Research, 2011, 12(76): 2493-2537.

[101] AUGENSTEIN I, SØGAARD A. Multi-task learning of keyphrase boundary classification[C]. Proceedings of the 55th Annual Meeting of the Association for Computational Linguistics, Vancouver, Canada, 2017: 341-346.

[102] LONG M, CAO Z, WANG J, et al. Learning multiple tasks with multilinear relationship networks[C]. Advances in Neural Information Processing Systems, Long Beach, USA, 2017: 1594-1603.

[103] SENER O, KOLTUN V. Multi-task learning as multi-objective optimization[C]. Advances in Neural Information Processing Systems, Montréal, Canada, 2018: 527-538.

[104] BAXTER J. A model of inductive bias learning[J]. Journal of Artificial Intelligence Research, 2000, 12: 149-198.

[105] WU B, WEI B, LIU J, et al. Faceted text segmentation via multi-task learning [J]. IEEE Transactions on Neural Networks and Learning Systems, 2020.

[106] KESKAR N S, MUDIGERE D, NOCEDAL J, et al. On large-batch training for deep learning: Generalization gap and sharp minima[J]. arXiv preprint arXiv:1609.04836, 2016.

[107] DWYER F M. Strategies for Improving Visual Learning [M]. State College, PA: Learning Services, 1978.

[108] KONECNỲ J, HAGARA M. One-shot-learning gesture recognition using hog-hof[J]. Journal of Machine Learning Research, 2014, 15:2513-2532.

[109] LAKE B M, SALAKHUTDINOV R R, TENENBAUM J. One-shot learning by inverting a compositional causal process[C]. Proceedings of the Neural Information Processing Systems (NeurIPS), Lake Tahoe, USA, 2013: 2526-2534.

[110] LAKE B M, SALAKHUTDINOV R, TENENBAUM J B. Human-level concept learning through probabilistic program induction[J]. Science, 2015, 350(6266):1332-1338.

[111] VINYALS O, BLUNDELL C, LILLICRAP T, et al. Matching networks for one shot learning[C]. Proceedings of the Neural Information Processing Systems (NeurIPS), Barcelona, Spain, 2016: 3630-3638.

[112] SNELL J, SWERSKY K, ZEMEL R S. Prototypical networks for few-shot learning[C]. Neural Information Processing Systems, Long Beach, USA, 2017.

[113] SUNG F, YANG Y, ZHANG L, et al. Learning to compare: Relation network for few-shot learning[C]. Proceedings of the IEEE Conference on Computer Vision and Pattern Recognition (CVPR), Salt Lake City, USA, 2018: 1199-1208.

[114] GARCIA V, BRUNA J. Few-shot learning with graph neural networks[C]. Proceedings of the International Conference on Learning Representations (ICLR), Toulon, France, 2017.

[115] FINN C, ABBEEL P, LEVINE S. Model-agnostic meta-learning for fast adaptation of deep networks[C]. Proceedings of the International Conference on Machine Learning (ICML), Sydney, Australia, 2017: 1126-1135.

[116] RAVI S, LAROCHELLE H. Optimization as a model for few-shot learning[C]. Proceedings of the International Conference on Learning Representations (ICLR), Toulon, France, 2017.

[117] MUNKHDALAI T, YU H. Meta networks[C]. Proceedings of the International Conference on Machine Learning (ICML), Sydney, Australia, 2017: 2554-2563.

[118] ZHANG L, CHANG X, LIU J, et al. Few-Shot Activity Recognition with Cross-Modal Memory Network [J]. Pattern Recognition, 2020, 108:107348.

[119] SANTORO A, BARTUNOV S, BOTVINICK M, et al. One-shot learning with memory-augmented neural networks[C]. Proceedings of the International Conference on Machine Learning (ICML), New York, USA, 2016: 1842-1850.

[120] XU Z, ZHU L, YANG Y. Few-shot object recognition from machine-labeled web images[C]. Proceedings of the IEEE Conference on Computer Vision and Pattern Recognition (CVPR), Honolulu, USA, 2017: 1164-1172.

[121] CAI Q, PAN Y, YAO T, et al. Memory matching networks for one-shot image recognition[C]. Proceedings of the IEEE Conference on Computer Vision and Pattern Recognition (CVPR), Salt Lake City, USA, 2018: 4080-4088.

[122] ZHU L, YANG Y. Compound memory networks for few-shot video classification[C]. Proceedings of the European Conference on Computer Vision (ECCV), Munich, Germany, 2018: 751-766.

[123] ZHANG L, LIU J, LUO M, et al. Scheduled sampling for one-shot learning via matching network [J]. Pattern Recognition, 2019, 96: 106962.

[124] BENGIO Y, LOURADOUR J, COLLOBERT R, et al. Curriculum learning[C]. Proceedings of the International Conference on Machine Learning (ICML), Montreal, Canada, 2009: 41-48.

[125] XIE P, DENG Y, XING E. Diversifying restricted boltzmann machine for document modeling[C]. Proceedings of the ACM Knowledge Discovery and Data Mining (SIGKDD), Sydney, Australia, 2015: 1315-1324.

[126] BENGIO S, VINYALS O, JAITLY N, et al. Scheduled sampling for sequence prediction with recurrent neural networks[C]. Proceedings of the Advances in Neural Information Processing Systems (NeurIPS), Montreal, Canada, 2015:1171-1179.

[127] WAH C, BRANSON S, WELINDER P, et al. The Caltech-UCSD Birds-200-2011 Dataset [R]. Pasadena: California Institute of Technology, 2011.

[128] NILSBACK M E, ZISSERMAN A. Automated flower classification over a large number of classes[C]. Proceedings of the Computer Vision, Graphics and Image Processing (CVGIP), Warsaw, Poland, 2008: 722-729.

[129] ELHOSEINY M, SALEH B, ELGAMMAL A. Write a classifier: Zero-shot learning using purely textual descriptions[C]. Proceedings of the International Conference on Computer Vision

(ICCV), Sydney, Australia, 2013: 2584-2591.

[130] KOCH G, ZEMEL R, SALAKHUTDINOV R. Siamese neural networks for one-shot image recognition[C]. Proceedings of the ICML Deep Learning Workshop, Lille, France, 2015.

[131] JAIN A K, VAILAYA A. Image retrieval using colour and shape[J]. Pattern Recognition, 1996, 29(8): 1233-1244.

[132] LOWE D G. Object recognition from local scale-invariant features[C]. Proceedings of the International Conference on Computer Vision (ICCV), Kerkyra, Greece, 1999: 1150-1157.

[133] KRIZHEVSKY A, SUTSKEVER I, HINTON G E. Imagenet classification with deep convolutional neural networks[C]. Proceedings of the Advances in Neural Information Processing Systems (NeurIPS), Lake Tahoe, USA, 2012: 1097-1105.

[134] SIMONYAN K, ZISSERMAN A. Very deep convolutional networks for large-scale image recognition[J]. arXiv preprint arXiv:1409.1556, 2014.

[135] HE K, ZHANG X, REN S, et al. Deep residual learning for image recognition[C]. IEEE Conference on Computer Vision and Pattern Recognition (CVPR), Las Vegas, USA, 2016: 770-778.

[136] KEMBHAVI A, SALVATO M, KOLVE E, et al. A diagram is worth a dozen images[C]. European Conference on Computer Vision, Amsterdam, Netherlands, 2016: 235-251.

[137] SEO M, HAJISHIRZI H, FARHADI A, et al. Solving geometry problems: Combining text and diagram interpretation[C]. Proceedings of the Conference on Empirical Methods in Natural Language Processing, Lisbon, Portugal, 2015: 1466-1476.

[138] SEO M J, HAJISHIRZI H, FARHADI A, et al. Diagram understanding in geometry questions[C]. Twenty-Eighth AAAI Conference on Artificial Intelligence, Kuala Lumpur, Malaysia, 2014: 2831-2838.

[139] SACHAN M, DUBEY K A, MITCHELL T M, et al. Learning pipelines with limited data and domain knowledge: A study in parsing physics problems[C]. Advances in Neural Information Processing Systems, Montreal, Canada, 2018: 140-151.

[140] ALFIERI L, NOKESMALACH T J, SCHUNN C D. Learning through case comparisons: A meta-analytic review [J]. Educational Psychologist, 2013, 48(2): 87-113.

[141] GENTNER D. Structure-mapping: A theoretical framework for analogy [J]. Cognitive Science, 1983, 7(2): 155-170.

[142] HOYOS C, GENTNER D. Generating explanations via analogical comparison [J]. Psychonomic Bulletin & Review, 2017, 24(5): 1364-1374.

[143] CHI M T, BASSOK M, LEWIS M W, et al. Self-explanations: How students study and use examples in learning to solve problems[J]. Cognitive Science, 1989, 13: 145-182.

[144] EDWARDS B J, WILLIAMS J J, GENTNER D, et al. Explanation recruits comparison in a category-learning task [J]. Cognition, 2019, 185: 21-38.

[145] 张慧, 张定文, 黄荣怀. 智能教育时代认知负荷理论发展、应用与展望——“第十一届国际认知负荷理论大会”综述 [J]. 现代远程教育研究, 2018, 156(6): 39-46.

[146] STAR J R, POLLACK C, DURKIN K, et al. Learning from comparison in algebra [J]. Contemporary Educational Psychology, 2015, 40: 41-54.

[147] BEGOLLI K N, RICHLAND L E. Teaching mathematics by comparison: Analog visibility as a double-edged sword [J]. Journal of Educational Psychology, 2016, 108(2): 194-213.

[148] 郭建鹏, 杨凌燕. 通过对比进行学习：多重样例变异性与先前知识的作用 [J]. 心理学报, 2015, 47(8): 1013-1027.

[149] MAHARAJ-SHARMA R, SHARMA A. Analogies in physics teaching: Experiences of trinidadian physics teachers [J]. The Electronic Journal of Science Education, 2017, 21(4): 65-81.

[150] STRAATEN D V, WILSCHUT A, OOSTDAM R. Connecting past and present through case-comparison learning in history: Views of teachers and students [J]. Journal of Curriculum Studies, 2019, 51(5): 643-663.

[151] BENJAMIN D, DAVID H, GENTNER D, et al. Finding faults: Analogical comparison supports spatial concept learning in geoscience [J]. Cognitive Processing, 2013, 14(2): 175-187.

[152] KOK E M, DE BRUIN A B H, LEPPINK J, et al. Case comparisons: An efficient way of learning radiology [J]. Academic Radiology, 2015, 22(10): 1226-1235.

[153] 郭凯路, 张令伟, 许云尧. 余弦定理问题特征对其解法迁移的影响 [J]. 数学通报, 2019, 58(3): 20-24.

[154] RICHLAND L E, BEGOLLI K N, SIMMS N, et al. Supporting mathematical discussions: The roles of comparison and cognitive load [J]. Educational Psychology Review, 2017, 29(1): 41-53.

[155] FAUCONNIER G, TURNER M. The Way We Think: Conceptual Blending and the Mind's Hidden Complexities[M]. New York: Basic Books, 2008.

[156] FALKENHAINER B, FORBUS K D, GENTNER D. The structure-mapping engine: Algorithm and examples [J]. Artificial Intelligence, 1989, 41(1): 695-726.

[157] HERVÁS R, COSTA R P, COSTA H, et al. Enrichment of automatically generated texts using metaphor [C]. Mexican International Conference on Artificial Intelligence, Berlin, Germany, 2007: 944-954.

[158] VEALE T, KEANE M T. The competence of sub-optimal theories of structure mapping on hard analogies [C]. International Joint Conference on Artificial Intelligence, Nagoya, Japan, 1997: 232-237.

[159] LEUZZI F, FERILLI S. A multi-strategy approach to structural analogy making [J]. Journal of Intelligent Information Systems, 2018, 50(1): 1-28.

[160] GONCALVES J, MARTINS P, CARDOSO A. A fast mapper as a foundation for forthcoming conceptual blending experiments [C]. International Conference on Case-Based Reasoning, Stockholm, Sweden, 2018: 532-547.

[161] SCARSELLI F, GORI M, TSOI A C, et al. The graph neural network model[J]. IEEE Transactions on Neural Networks, 2009, 20(1):61-80.

[162] LI Y, TARLOW D, BROCKSCHMIDT M, et al. Gated graph sequence neural networks[C]. International Conference on Learning Representations (ICLR), San Juan, Puerto Rico, 2016.

[163] GILMER J, SCHOENHOLZ S S, RILEY P F, et al. Neural message passing for quantum chemistry[C]. International Conference on Machine Learning (ICML), Sydney, Australia, 2017: 1263-1272.

[164] PEROZZI B, AL-RFOU R, SKIENA S. DeepWalk: Online learning of social representations[C]. Proceedings of the 20th ACM SIGKDD international conference on Knowledge discovery and data mining, New York, USA, 2014: 701-710.

[165] BORDES A, USUNIER N, GARCIA-DURAN A, et al. Translating embeddings for modeling multi-relational data[C]. Advances in Neural Information Processing Systems, Nevada, USA, 2013: 2787-2795.

[166] PÉREZ J, ARENAS M, GUTIERREZ C. Semantics and Complexity of SPARQL[C]. International Semantic Web Conference, Athens, Greece, 2006: 30-43.

[167] HE H, SINGH A K. Query language and access methods for graph databases[M]. Boston: Springer, 2010.

[168] BERANT J, LIANG P. Semantic parsing via paraphrasing[C]. Proceedings of the 52nd annual meeting of the association for computational linguistics, Baltimore, Maryland, 2014: 1415-1425.

[169] HU S, ZOU L, YU J X, et al. Answering natural language questions by subgraph matching over knowledge graphs[J]. IEEE Transactions on Knowledge and Data Engineering, 2018, 30(5): 824-837.

[170] DIEFENBACH D, LOPEZ V, SINGH K, et al. Core techniques of question answering systems over knowledge bases: A survey[J]. Knowledge and Information Systems, 2018, 55(3):529-569.

[171] UNGER C, BUHMANN L, LEHMANN J, et al. Template-based question answering over RDF data[C]. Proceedings of the 21st International Conference on World Wide Web, Lyon, France, 2012: 639-648.

[172] ZHENG W, ZOU L, LIAN X, et al. How to build templates for rdf question/answering: An uncertain graph similarity join approach[C]. Proceedings of the 2015 ACM SIGMOD International Conference on Management of Data, Melbourne, Australia, 2015: 1809-1824.

[173] ZHENG W, CHENG H, ZOU L, et al. Natural language question/answering: Let users talk with the knowledge graph[C]. The 26th ACM International Conference on Information and Knowledge Management, Singapore, 2017: 217-226.

[174] ZHAN H, SINHA B, JIANG W. Natural language question/answering with user interaction over a knowledge base[C]. The 2019 International Conference on Artificial Intelligence and Computer Science, Wuhan, China, 2019: 325-329.

[175] WANG R, WANG M, LIU J. Graph embedding based query construction over knowledge graphs [C]. IEEE International Conference on Big Knowledge (ICBK), Singapore, 2018.

[176] WANG R, WANG M, LIU J, et al. Structured query construction via knowledge graph embedding [J]. Knowledge and Information Systems, 2020, 62:1819-1846.

[177] WANG R, WANG M, LIU J, et al. Leveraging knowledge graph embeddings for natural language question answering [C]. Proceedings of the 24th International Conference on Database Systems for Advanced Applications (DASFAA), Chiang Mai, Thailand, 2019: 659-675.

[178] WANG Z, ZHANG J, FENG J, et al. Knowledge graph embedding by translating on hyperplanes[C]. Twenty-Eighth AAAI conference on artificial intelligence, Quebec, Canada, 2014: 1112-1119.

[179] LIN Y, LIU Z, SUN M, et al. Learning entity and relation embeddings for knowledge graph

completion[C]. Twenty-ninth AAAI conference on artificial intelligence, Austin, USA, 2015: 345-354.

[180] LIN Y, LIU Z, LUAN H, et al. Modeling relation paths for representation learning of knowledge bases[C]. Empirical Methods in Natural Language Processing (EMNLP), Lisbon, Portugal, 2015:705-714.

[181] HAN S, ZOU L, YU J X, et al. Keyword search on rdf graphs-a query graph assembly approach[C]. Proceedings of the 2017 ACM on Conference on Information and Knowledge Management, Singapore, 2017: 227-236.

[182] RISTOSKI P, ROSATI J, DI N T, et al. RDF2Vec: RDF graph embeddings and their applications[J]. Semantic Web, 2019, 10(4): 721-752.

[183] FENG J, HUANG M, YANG Y, et al. Gake: Graph aware knowledge embedding[C]. Proceedings of COLING 2016, the 26th International Conference on Computational Linguistics, Osaka, Japan, 2016: 641-651.

[184] MIKOLOV T, SUTSKEVER I, CHEN K, et al. Distributed representations of words and phrases and their compositionality[C]. Advances in Neural Information Processing Systems, Lake Tahoe, USA, 2013: 3111-3119.

[185] AUER S, BIZER C, KOBILAROV G, et al. DBpedia: A nucleus for a web of open data[C]. International Semantic Web Conference and Asian Semantic Web Conference, Busan, Korea, 2007: 722-735.

[186] UNGER C, NGOMO A, CABRIO E. 6th open challenge on question answering over linked data (QALD-6)[C]. Semantic Web Evaluation Challenge, Heraklion, Grace, 2016: 171-177.

[187] MAZZEO G M, ZANIOLO G. Answering controlled natural language questions on RDF knowledge bases[C]. International Conference on Extending DB Technology, Bordeaux, France, 2016: 608-611.

[188] WANG M, CHEN W, WANG S, et al. Answering why-not questions on semantic multimedia queries[J]. Multimedia Tools and Applications, 2018, 77(3): 3405-3429.

[189] YAO S, LIU J, WANG M, et al. ANNA: Answering why-not questions for SPARQL [C]. The 14th International Semantic Web Conference(ISWC), Bethlehem, USA, 2015.

[190] WANG M, WANG R, LIU J, et al.Towards empty answers in SPARQL: Approximating querying with RDF embedding [C]. The 17th International Semantic Web Conference (ISWC), Monterey, USA, 2018: 513-529.

[191] ELBASSUONI S, RAMANATH M, WEIKUM G. Query relaxation for entity-relationship search[C]. The 8th Extended Semantic Web Conference, Heraklion, Greece, 2011: 62-76.

[192] HURTADO C A, POULOVASSILIS A, WOOD P T. Query relaxation in RDF[J]. Journal on Data Semantics, 2008, 4900: 31-61.

[193] DOLOG P, STUCKENSCHMIDT H, WACHE H, et al. Relaxing RDF queries based on user and domain preferences[J]. Journal of Intelligent Information Systems, 2009, 33(3): 239.

[194] FOKOU G, JEAN S, HADJALI A, et al. Handling failing RDF queries: From diagnosis to relaxation[J]. Knowledge and Information Systems, 2017, 50(1): 167-195.

[195] FERNANDEZ R, FETAIS N. Survey of information visualization techniques for enhancing visual

analysis[C]. International Conference on Computer and Applications, Dubai, United Arab Emirates, 2017: 360-363.

[196] REN D, MARUSICH L R, O'DONOVAN J, et al. Understanding node-link and matrix visualizations of networks: A large-scale online experiment[J]. Network Science, 2019, 7(2):242-264.

[197] ROMAT H, APPERT C, PIETRIGA E. Expressive authoring of node-link diagrams with graphies[J]. IEEE Transactions on Visualization and Computer Graphics, 2019, 27(4): 2329-2340.

[198] SCHWANK J, SCHÖFFEL S. Visualizing uncertainty in node-link diagrams-a user study[C]. International Conference on Applied Human Factors and Ergonomics, San Diego, USA, 2017: 495-507.

[199] HUANG T H, HUANG M L, NGUYEN Q V, et al. A space-filling multidimensional visualization (sfmdvis) for exploratory data analysis[J]. Information Sciences, 2017, 390:32-53.

[200] CARRIZOSA E, GUERREERO V, MORALES D R. Visualizing proportions and dissimilarities by space-filling maps: A large neighborhood search approach[J]. Computers & Operations Research, 2017, 78:369-380.

[201] WANG J, SHEN Y, KONG D, et al. Hierarchical-layout treemap for context-based visualization [M]. Berlin: Springer, 2018.

[202] CALAMONERI T, DONATO D V, MARIOTTINI D, et al. Visualizing co-phylogenetic reconciliations[C]. International Symposium on Graph Drawing and Network Visualization, San Diego, USA, 2017: 334-347.

[203] CHENG S, ZHONG W, ISAACS K E, et al. Visualizing the topology and data traffic of multi-dimensional torus interconnect networks[J]. IEEE Access, 2018, 6:57191-57204.

[204] PLAISANT C, GROSJEAN J, BEDERSON B B. Spacetree: Supporting exploration in large node link tree, design evolution and empirical evaluation[C]. IEEE Symposium on Information Visualization, Boston, USA, 2002: 57-64.

[205] LAMPING J, RAO R, PIROLLI P. A focus+ context technique based on hyperbolic geometry for visualizing large hierarchies[C]. Proceedings of the SIGCHI Conference on Human Factors in Computing Systems, Atlanta, USA, 1995: 401-408.

[206] SHNEIDERMAN B. Tree visualization with tree-maps: 2-d space-filling approach[J]. ACM Transactions on Graphics, 1992, 11(1): 92-99.

[207] ONAK K, SIDIROPOULOS A. Circular partitions with applications to visualization and embeddings[C]. Proceedings of the Twenty-fourth Annual Symposium on Computational Geometry, New York, USA, 2008: 28-37.

[208] SALLABERRY A, FU Y C, HO H C, et al. Contacttrees: A technique for studying personal network data[J]. arXiv preprint arXiv:1411.0052, 2014.

[209] 孟玮. 知识森林可视化方法研究与实现[D]. 西安:西安交通大学, 2016.

[210] SCHWAB M, STROBELT H, TOMPKIN J, et al. Booc. io: An education system with hierarchical concept maps and dynamic non-linear learning plans[J]. IEEE Transactions on Visualization and Computer Graphics, 2016, 23(1): 571-580.

[211] MASUDA S, KASHIWABARA T, NAKAJIMA K, et al. On the np-completeness of a computer network layout problem[C]. Proceedings of the 1987 IEEE International Symposium on Circuits and Systems, Philadelphia, USA, 1987: 292-295.
[212] BAUR M, BRANDES U. Crossing reduction in circular layouts[C]. International Workshop on Graph Theoretic Concepts in Computer Science, Bad Honnef, Germany, 2004: 332-343.
[213] HU Y. Efficient, high-quality force-directed graph drawing[J]. Mathematica Journal, 2005, 10(1): 37-71.
[214] SUGIYAMA K, TAGAWA S, TODA M. Methods for visual understanding of hierarchical system structures[J]. IEEE Transactions on Systems, Man, and Cybernetics, 1981, 11(2): 109-125.
[215] YI J S, KANG A Y, STASKO J. Toward a deeper understanding of the role of interaction in information visualization[J]. IEEE Transactions on Visualization and Computer Graphics, 2007, 13(6): 1224-1231.
[216] MARZIALETTI L, CANDELA M, BATTISTA D G. Upstream visibility: A multi-view routing visualization[C]. Proceedings of the 11th International Symposium on Visual Information Communication and Interaction, Växjö, Sweden, 2018: 80-87.
[217] ZHANG C, CAAN M W, HÖLLT T, et al. Overview+ detail visualization for ensembles of diffusion tensors[J]. Computer Graphics Forum, 2017, 36(3): 121-132.
[218] FURNAS G W. Generalized fisheye views[J]. ACM SIGCHI Bulletin, 1986, 17(4): 16-23.
[219] KADMON N, SHLOMI E. A polyfocal projection for statistical surfaces[J]. The Cartographic Journal, 1978, 15(1): 36-41.
[220] GANSNER E R, KOREN Y, NORTH S C. Topological fisheye views for visualizing large graphs[J]. IEEE Transactions on Visualization and Computer Graphics, 2005, 11(4): 457-468.
[221] REKIMOTO J. Tilting operations for small screen interfaces[C]. Proceedings of the 9th Annual ACM Symposium on User Interface Software and Technology, Seattle, USA, 1996: 167-168.
[222] BURNETT M M, BAKER M J, BOHUS C, et al. Scaling up visual programming languages[J]. Computer, 1995, 28(3): 45-54.
[223] BLONDEL V D, GUILLAUME J L, LAMBIOTTE R, et al. Fast unfolding of communities in large networks[J]. Journal of Statistical Mechanics: Theory and Experiment, 2008, 2008(10): 10008.
[224] 蔡苏，王沛文，杨阳，等. 增强现实(AR)技术的教育应用综述[J]. 远程教育杂志，2016, 34(5): 27-40.
[225] BOLME D S, BEVERIDGE J R, DRAPER B A, et al. Visual object tracking using adaptive correlation filters[C]. 2010 IEEE Computer Society Conference on Computer Vision and Pattern Recognition, San Francisco, USA, 2010: 2544-2550.
[226] PONS P, LATAPY M. Computing communities in large networks using random walks[M]// Computer and Information Sciences, Berlin: Springer, 2005.
[227] XIA F, LIU J, NIE H, et al. Random walks: A review of algorithms and applications[J]. IEEE Transactions on Emerging Topics in Computational Intelligence, 2020, 4(2): 95-107.